高等职业教育课程改革项目研究成果系列教材

"互联网＋"新形态教材

嵌入式技术及应用开发
（STM32 版）

主　编　王丽佳　张　华

副主编　高军利　李月朋　马继红

参　编　李香服　胡雪花　孙　荟

　　　　温彬彬　刘　龙　刘媛媛

北京理工大学出版社

BEIJING INSTITUTE OF TECHNOLOGY PRESS

内 容 简 介

本书介绍了意法半导体（STMicroelectronics，ST）公司的 32 位基于 ARM Cortex – M3 的 STM32F103ZET6 处理器的应用与开发实践。本书以解决实际项目为主线，将任务驱动、理实一体的教学方法融入教学全过程，由浅入深，层层递进，系统地介绍了 STM32 嵌入式系统设计与实践中的各种硬件和软件设计知识。

本书通俗易懂，内容丰富，适用于职业技术院校的电子信息工程技术、自动化技术、机器人技术、应用电子技术等专业学生的教学。在内容的设计上，本书依据国家相关专业教学标准，结合职业岗位实际工作任务要求，注重落实"立德树人"的根本要求，引入了企业新技术、新工艺，同时将行业标准、职业规范引入教材，将嵌入式技术中最基本、最重要的内容与实际产品案例相结合，具有较强的实践性。本书为新形态一体化教材，每个知识点配有相应的微课视频，并提供与教材匹配的"嵌入式系统应用"在线开放课程，以及有关的微课、习题等。

图书在版编目（CIP）数据

嵌入式技术及应用开发：STM32 版／王丽佳，张华主编． —— 北京：北京理工大学出版社，2021.9
ISBN 978 – 7 – 5763 – 0431 – 2

Ⅰ．①嵌… Ⅱ．①王… ②张… Ⅲ．①微处理器 – 系统设计 – 高等职业教育 – 教材 Ⅳ．①TP332

中国版本图书馆 CIP 数据核字（2021）第 205454 号

出版发行／北京理工大学出版社有限责任公司
社　　址／北京市海淀区中关村南大街 5 号
邮　　编／100081
电　　话／（010）68914775（总编室）
　　　　　（010）82562903（教材售后服务热线）
　　　　　（010）68944723（其他图书服务热线）
网　　址／http://www.bitpress.com.cn
经　　销／全国各地新华书店
印　　刷／河北盛世彩捷印刷有限公司
开　　本／787 毫米 ×1092 毫米　1/16
印　　张／15.75　　　　　　　　　　　　　责任编辑／钟　博
字　　数／358 千字　　　　　　　　　　　　文案编辑／钟　博
版　　次／2021 年 9 月第 1 版　2021 年 9 月第 1 次印刷　　责任校对／周瑞红
定　　价／55.00 元　　　　　　　　　　　　责任印制／施胜娟

图书出现印装质量问题，请拨打售后服务热线，本社负责调换

前　言

　　本书选取正点原子战舰 V3 开发板为平台，其控制核心为 STM32F103ZET6 处理器，该处理器具有功耗低、外设多、配套资料齐全等优势。本书内容由浅入深，层层递进，系统讲解了常用外设的功能及其使用方法，使学生能够轻松掌握 STM32 嵌入式系统设计与实践中的各种硬件和软件设计知识。本书适用于电子信息工程技术、自动化技术、机器人技术、应用电子技术等专业学生的教学。

　　本书紧贴嵌入式技术领域的最新发展趋势，突出技能培养在课程中的主体地位，以解决实际项目为主线，将任务驱动、理实一体的教学方法融入教学全过程。第一部分，详细介绍了嵌入式系统和 STM32 微控制器的基本概念，并介绍了 STM32 处理器的工作原理与结构、最小系统、STM32 标准外设函数库，详细讲解了 Keil MDK5 开发工具的使用方法，为后面的实践开发应用奠定了基础。第二部分，详细讲解了 STM32 嵌入式系统设计中 GPIO 端口、外部中断、STM32 定时器及其中断和脉宽调制功能、USART 串口通信。第三部分，由浅入深地介绍了 FSMC 驱动 LCD、A/D 转换、温度传感器等。本书力求使学生轻松踏上学习 STM32 之路，在实践过程中不知不觉掌握各种知识和技能，养成软件开发的规范意识。

　　学生在学习模拟电子技术、数字电子技术、C 语言、单片机技术等课程的基础上，通过本书的学习，可掌握 STM32F103X 系列嵌入式硬件系统的组成和使用；能熟练地使用 Keil MDK5 进行软件开发，掌握 STM32 控制系统应用开发的基本概念、基本方法，熟悉实际嵌入式电子产品的软件程序的开发、测试、维护流程，培养开发完整嵌入式电子产品的基本技能，为后续更高阶课程的学习打下基础。本书对学生从事电子产品的硬件电路开发、应用程序开发、技术支持等工作岗位的职业能力和职业素质的培养起主要支撑作用。

　　本书由河北工业职业技术大学省级优秀教师王丽佳、张华主编，副主编为石家庄科林电气股份有限公司的高军利、河北工业职业技术大学的李月朋和邯郸职业技术学院的马继红，其中高军利为本书的编写提供了典型应用项目，并提供了宝贵的参考意见和相关课程资源。河北工业职业技术大学的李香服、胡雪花、孙荟、温彬彬、刘龙、刘媛媛参与了本书的编写工作，河北工业职业技术大学的郝敏钗教授担任本书的主审。本书的出版得到了北京理工大学出版社的鼎力支持，在此一并表示感谢。

　　由于作者水平有限，书中难免有错误和不足之处，敬请读者不吝赐教。

编　者

目录

项目一

走进 STM32 的世界

项目描述

本项目主要介绍嵌入式系统的定义、组成结构、应用领域、发展趋势、特点，ARM 处理器的发展历程及其体系结构，Cortex – M3 内核，STM32 微控制器内部结构，STM32 最小系统组成，STM32 标准外设库工程模板的建立。通过本项目的学习，可以掌握嵌入式系统、STM32 微控制器的基本知识，并能够独立建立 STM32 标准外设库工程模板，为后续项目的学习奠定基础。

项目目标

- 了解通用计算机和嵌入式计算机的发展现状；
- 理解嵌入式系统的定义、组成结构和应用领域；
- 了解嵌入式系统的发展趋势；
- 了解嵌入式系统的特点；
- 了解 ARM 处理器的发展历程及其体系结构；
- 掌握 Cortex – M3 内核分类；
- 了解 STM32 的内部结构；
- 掌握 STM32 最小系统组成结构；
- 能够独立建立 STM32 标准外设库工程模板；
- 掌握 Keil 软件的下载、仿真与调试方法。

任务 1　认识嵌入式系统

1.1.1　任务分析

1. 任务描述

本任务的主要内容是学习嵌入式系统的基本知识，包括嵌入式系统的定义、组成结构、应用领域、发展趋势和特点。

2．任务目标

（1）了解通用计算机和嵌入式计算机的发展现状；

（2）理解嵌入式系统的定义、组成结构和应用领域；

（3）了解嵌入式系统的发展趋势；

（4）了解嵌入式系统的特点。

1.1.2　知识链接

嵌入式系统概述

现代计算机技术发展分为两大分支：通用计算机系统和嵌入式计算机系统。

通用计算机系统的技术要求是高速、海量的数值计算，其技术发展方向是总线速度的无限提升、存储容量的无限扩大。由国防科技大学研制的"天河二号"通用计算机系统，以峰值计算速度达每秒5.49亿亿次、持续计算速度达每秒3.39亿亿次的优异性能，成为当时全世界最快的超级计算机。

超级通用计算机主要用来承担重大的科学研究、国防尖端技术开发和国民经济领域的大型计算课题及数据处理任务，如大范围天气预报、卫星照片整理、原子核物理的探索、国民经济发展计划的制定等。

嵌入式计算机系统（以下简称嵌入式系统）与通用计算机系统的本质区别在于系统应用不同。嵌入式系统是将一个计算机系统嵌入对象系统。这个对象可能是庞大的机器，也可能是小巧的手持设备，用户并不关心这个计算机系统的存在。嵌入式系统的技术要求是对象的智能化控制能力，其技术发展方向是与对象系统密切相关的嵌入性能、控制能力与控制的可靠性。

早期，人们勉为其难地对通用计算机系统进行改装，在大型设备中实现嵌入式应用。然而，众多的对象系统（如家用电器、仪器仪表工控单元等）无法嵌入通用计算机系统，况且嵌入式系统与通用计算机系统的技术发展方向完全不同。这就形成了现代计算机技术发展的两大分支。

1．嵌入式系统的定义

嵌入式系统是一种包括硬件和软件的完整的计算机系统。

美国电气和电子工程师协会（IEEE）对嵌入式系统的定义是："用于控制、监视或者辅助操作机器和设备的装置"，它是一种专用的计算机系统。

国内普遍认同的嵌入式系统定义是：以应用为中心，以计算机技术为基础，软、硬件可裁剪，适应应用系统对功能、可靠性、成本、体积、功耗等严格要求的专用计算机系统。

嵌入式系统所用的计算机是嵌入被控对象的专用微处理器，但是其功能比通用计算机专门化，具有通用计算机所不具备的针对某个方面特别设计的、合适的运算速度，高可靠性和较低成本。

嵌入式系统作为装置或设备的一部分，它是一个控制程序存储在只读存储器（ROM）或FLASH中的嵌入式处理器控制板。事实上，所有带有数字接口的设备，如手表、微波炉、录像机、汽车等，都使用了嵌入式系统。

2．嵌入式系统的组成结构

嵌入式系统由硬件和软件组成，两类不同的嵌入式系统结构模型如图1.1所示。硬件是整个嵌入式操作系统和应用程序运行的平台，不同的应用通常有不同的硬件环境。嵌入式系统的硬件部分包括处理器/微处理器、存储器、I/O 接口及输入/输出设备。嵌入式系统的软件由嵌入式操作系统和应用程序组成。嵌入式操作系统完成嵌入式应用的任务调度和控制等核心功能，应用程序运行于嵌入式操作系统之上［对于一些简单的嵌入式系统，应用程序可以不需要嵌入式操作系统的支持，直接运行在底层，如图 1.1（a）所示］，利用嵌入式操作系统提供的机制完成特定功能的嵌入式应用。

由于嵌入式系统的灵活性和多样性，图 1.1 中各个层次之间缺乏统一的标准，几乎每个独立的系统都不一样，这就给上层的软件设计人员开发应用程序带来了极大的困难。

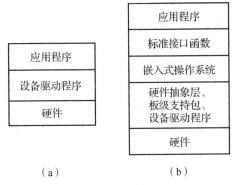

图 1.1　两类不同的嵌入式系统结构模型
(a) 不带嵌入式操作系统支持；(b) 带嵌入式操作系统支持

3. 嵌入式系统的硬件组成

嵌入式系统硬件平台是以嵌入式处理器为核心，由存储器、I/O 单元电路、通信模块、外部设备等必要的辅助接口组成的，如图 1.2 所示。

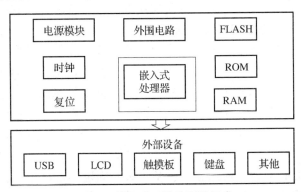

图 1.2　嵌入式系统的硬件组成

1）嵌入式处理器

嵌入式系统的核心是各种类型的嵌入式处理器，嵌入式处理器的体系结构经历了从 CISC（复杂指令集）到 RISC（精简指令集）和 Compact RISC 的转变，位数则由 4 位、8 位、16 位、32 位逐步发展到 64 位。现在常用的嵌入式处理器可分为低端的嵌入式微控制器（Embedded Microcontroller Unit，EMCU）、中高端的嵌入式微处理器（Embedded Microprocessor Unit，EMPU）、嵌入式 DSP 处理器（Embedded Digital Signal Processor，EDSP）和高度集成的嵌入式片上系统（Embedded System on a Chip，ESoC）。目前大部分半导体制造商都生产嵌入式处理器，并且越来越多的公司开始拥有自主的嵌入式处理器设计

部门。据不完全统计，全世界嵌入式处理器已经超过 1 000 种，流行的体系结构有 30 多个系列，其中以 ARM、PowerPC、MC 68000、MIPS 等使用得最为广泛。

2）存储器

嵌入式系统有别于一般的通用计算机系统，它不具备像硬盘那样大容量的存储介质，而用静态易失型存储器（RAM、SRAM）、动态存储器（DRAM）和非易失型存储器（ROM、EPROM、EEPROM、FLASH）作为存储介质，其中 FLASH 凭借其可擦写次数多、存储速度快、存储容量大、价格低等优点，在嵌入式领域得到了广泛应用。

3）I/O 接口

I/O 接口是嵌入式处理器与 I/O 设备连接的桥梁。与通用 CPU 不同的是，嵌入式处理器芯片将通用计算机中许多由单独芯片或板卡完成的接口功能集成到芯片内部，从而有利于嵌入式系统在设计时趋于小型化，同时还具有很高的效率和可靠性。

4）输入/输出设备

为了使嵌入式系统具有友好的界面、方便人机交互，嵌入式系统中需配制输入/输出设备。常用的输入/输出设备有液晶显示器（LCD）、触摸板、键盘等。

嵌入式开发的硬件平台选择主要是嵌入式处理器的选择。在具体应用中嵌入式处理器的选择决定了其市场竞争力。在一个嵌入式系统中使用什么样的嵌入式处理器主要取决于应用领域、用户的需求、成本、开发的难易程度等因素。在开发过程中，选择最适用的硬件平台是一项很复杂的工作，要考虑能否满足应用的设计目标、开发工具是否好用等因素，应遵循"够用"的原则，不能片面追求高性能。

4. 嵌入式系统的软件组成

1）嵌入式操作系统

嵌入式操作系统是一种支持嵌入式系统应用的操作系统软件，它是嵌入式系统（包括硬、软件系统）极为重要的组成部分，通常包括与硬件相关的底层驱动软件、系统内核、设备驱动接口、通信协议、图形界面、标准化浏览器等。嵌入式操作系统具有通用计算机操作系统的基本特点，如能够有效管理越来越复杂的系统资源，能够把硬件虚拟化，使开发人员从繁忙的驱动程序移植和维护中解脱出来，能够提供库函数、驱动程序、工具集以及应用程序。与通用计算机操作系统相比较，嵌入式操作系统在系统的实时高效性、硬件的相关依赖性、软件固态化以及应用的专用性等方面具有较为突出的特点。

2）嵌入式应用软件

嵌入式应用软件是针对特定应用领域，基于某一固定的硬件平台，用来达到用户预期目标的计算机软件。由于用户任务可能有时间和精度上的要求，因此有些嵌入式应用软件需要特定嵌入式操作系统的支持。嵌入式应用软件和普通应用软件有一定的区别，它不仅要在准确性、安全性和稳定性等方面能够满足实际应用的需要，而且还要尽可能地得到优化，以减少对系统资源的消耗，降低硬件成本。

3）硬件抽象层

硬件抽象层（Hardware Abstraction Layer，HAL）是位于嵌入式操作系统内核与硬件电路之间的接口层，其目的在于将硬件抽象化。也就是说，可通过程序控制所有硬件电路，如 CPU、I/O 接口、存储器等的操作。这样就使系统的设备驱动程序与硬件设备无关，从而大大提高了系统的可移植性。

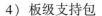

4）板级支持包

板级支持包（Board Support Package，BSP）是介于主板硬件和嵌入式操作系统中驱动层程序之间的一层，一般认为它属于嵌入式操作系统的一部分，主要是实现对嵌入式操作系统的支持，为上层的驱动程序提供访问硬件设备寄存器的函数包，使之能够更好地运行于硬件主板。

5）设备驱动程序

计算机系统中安装设备后，只有在安装相应的设备驱动程序之后才能使用，设备驱动程序为上层软件提供设备的操作接口。上层软件不用理会设备内部的具体操作，只需调用设备驱动程序提供的接口。

6）嵌入式操作系统的应用程序接口函数

应用程序接口（Application Programming Interface，API）是一系列复杂的函数、消息和结构的集合体。嵌入式操作系统下的 API 和一般操作系统下的 API 在功能、含义及知识体系上完全一致。

嵌入式应用软件是实现嵌入式系统功能的关键，对嵌入式系统对系统软件和应用软件的要求与通用计算机系统有所不同，主要有以下特点：

（1）软件要求固化存储。为了提高执行速度和系统可靠性，嵌入式系统中的软件一般都固化在存储器芯片或嵌入式微处理器本身，而不是存储于磁盘等载体中。

（2）软件代码要求高质量、高可靠性。尽管半导体技术的发展使嵌入式处理器速度不断提高、片上存储器容量不断增加，但在大多数应用中，存储空间仍然是宝贵的，还存在实时性的要求。为此，要求程序编写和编译工具的质量要高，以缩短程序二进制代码长度、提高执行速度。

（3）系统软件（OS）的高实时性是基本要求。在多任务嵌入式系统中，对重要性各不相同的任务进行统筹兼顾的合理调度是保证每个任务及时执行的关键，单纯通过提高嵌入式处理器速度是无法完成和没有效率的，这种任务调度只能由优化编写的系统软件来完成，因此，系统软件的高实时性是基本要求。

（4）嵌入式系统软件需要实时多任务操作系统（RTOS）开发平台。为了满足实时性应用需求、充分利用硬件资源、增强可靠性和便于开发，实时多任务操作系统成为嵌入式软件必需的系统软件。

（5）在嵌入式系统的软件开发过程中，采用 C 语言是最佳的选择。

5. 嵌入式系统的特点

嵌入式系统主要具有以下特点：

（1）可裁剪性。支持开放性和可伸缩性的体系结构。

（2）强实时性。嵌入式操作系统实时性一般较强，可用于各种设备控制。

（3）统一的接口。提供设备统一的驱动接口。

（4）操作方便、简单，提供友好的图形用户界面（GUI），便于用户学习和使用。

（5）提供强大的网络功能，支持 TCP/IP 及其他协议，提供 TCP/UDP/IP/PPP 支持及统一的 MAC 访问层接口，为各种移动设备预留接口。

（6）稳定性强，交互性弱。嵌入式系统一旦开始运行就不需要用户过多干预，这就要求负责系统管理的嵌入式操作系统具有较强的稳定性。嵌入式操作系统的用户接口一般不提供操作命令，它通过嵌入式系统的调用命令向用户程序提供服务。

（7）固化代码。在嵌入式系统中，嵌入式操作系统和应用软件被固化在嵌入式系统计算机的 ROM 或 FLASH 中。

（8）硬件适应性更好，也就是移植性良好。

（9）嵌入式系统和具体应用有机地结合在一起，它的升级换代也是和具体产品同步进行的，因此嵌入式系统产品进入市场后具有较长的生命周期。

6. 嵌入式系统的应用领域

随着工业 4.0、医疗电子、智能家居、物流管理和电力控制等的快速发展和推进，嵌入式系统利用自身的技术特点，逐渐成为众多行业的标配产品。嵌入式系统具有可控制、可编程、成本低等优点，目前已在国防、国民经济及社会生活各领域普及应用，用于企业、军队、办公室、实验室以及个人家庭等各种场所，如图 1.3 所示。

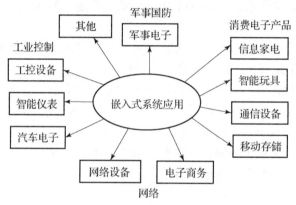

图 1.3　嵌入式系统的应用领域

1）消费电子产品

消费电子产品是指围绕消费者应用而设计的，与生活、工作、娱乐等息息相关的电子类产品，最终实现消费者自由选择资讯、享受娱乐的目的。嵌入式系统最为成功的应用是在智能电子设备中的应用，如手机、平板电脑、数字电视机、机顶盒、数码照相机、VCD、DVD、音响设备、家庭网络设备、洗衣机、电冰箱、智能玩具等。这些消费电子产品都是依托嵌入式系统的高效、稳定、经济等特性为消费者提供物美价廉的服务。

2）工业控制

工业控制系统是满足图像、语音等大数据量信号高速率传输要求的以太网与控制网络的结合。对于各种智能测量仪表、数控装置、可编程控制器、控制机、分布式控制系统、现场总线仪表及控制系统、工业机器人、机电一体化机械设备、汽车电子设备等，将诸如嵌入式技术、多标准工业控制网络互联、无线技术等多种当今流行技术融合进来，拓展了工业控制领域的发展空间，带来了新的发展机遇。

3）网络管理

互联网的发展，产生了大量网络基础设施、接入设备、终端设备的市场需求。这些设备中大量使用嵌入式系统。各类收款机、POS 系统、电子秤、条形码阅读机、商用终端、银行点钞机、IC 卡输入设备、取款机、自动柜员机、自动服务终端、防盗系统、各种银行专业外围设备以及各种医疗电子仪器，无一不用到嵌入式系统。

4）物联网

物联网是新一代计算机的组成部分，简单来讲就是物物相连的互联网，不同的是其用户端延伸到任何物品之间，进行信息交换和通信。物联网能够通过智能感知、识别技术与计算机进行多网融合。物联网的三大关键技术为：传感器技术、射频识别技术、嵌入式系统技术。

5）军事国防

各种武器控制装置（火炮控制、导弹控制、智能炸弹制导引爆装置），坦克、舰艇、轰炸机等陆、海、空各种军用电子装备，雷达、电子对抗军事通信装备，各种野战指挥作战专用设备等均涉及嵌入式系统。

6）智慧医疗

智慧医疗通过打造健康档案区域医疗信息平台，利用最先进的物联网技术，实现患者与医务人员、医疗机构、医疗设备之间的互动，逐步实现信息化。嵌入式技术是未来智慧医疗的核心，其实质是将传感器技术、射频识别技术、无线通信技术、数据处理技术、网络技术、视频检测识别技术、GPS 技术等综合应用于整个医疗管理体系中进行信息交换和通信，以实现智能化识别、定位、追踪、监控和管理的一种网络技术，它可以建立实时、准确、高效的医疗控制和管理系统。

7）智能交通

智能交通系统（ITS）主要由交通信息采集、交通状况监视、交通管理、信息发布和通信五大子系统组成。它们都是 ITS 的运行基础，而以嵌入式系统为主的交通管理子系统就像人体内的神经系统一样在 ITS 中起着至关重要的作用。嵌入式系统应用在测速雷达（返回数字式速度值）、运输车队遥控指挥系统、车辆导航系统等方面，在这些应用系统中能对交通数据进行获取、存储、管理、传输、分析和显示，以供交通管理者或决策者对交通状况进行决策和研究。

8）环境工程

如今人们的生存环境受很多因素的影响，如气候变暖、工业污染、农业污染等。传统的人工检测无法实现对大规模环境的管理。嵌入式系统在环境工程中的应用包含很多方面，如水文资料实时监测、防洪体系及水土质量监测、堤坝安全监测、地震监测、实时气象信息监测等。通过利用最新的技术实现水源和空气污染监测，在很多环境恶劣、地况复杂的地区，嵌入式系统将实现无人监测。

嵌入式系统可以说无处不在，它有着广阔的发展前景，面临着机遇和挑战。

7. 嵌入式系统的发展趋势

1）物联网方向

随着信息产业第三次发展浪潮的到来，嵌入式系统将获得更为巨大的发展契机。所谓信息产业第三次发展浪潮，是指无处不在的泛在计算和物联网。

物联网是新一代信息技术的重要组成部分。顾名思义，"物联网就是物物相连的互联网"。这有两层意思：一是物联网的核心和基础仍然是互联网，是在互联网基础上延伸和扩展的网络；二是其用户端延伸和扩展到任何物品之间，进行信息交换和通信。物联网，智能感知、识别技术与普适计算，泛在网络的融合应用，被称为继通用计算机、互联网之后世界信息产业的第三次发展浪潮。

网络互联成为必然趋势，未来的嵌入式设备为了适应网络发展的要求，必然要求硬件上提供各种网络接口。传统的单片机对于网络支持不足，而新一代嵌入式处理器已经开始内嵌网络接口，除了支持 TCP/IP，有的还支持 IEEE1394、USB、CAN、Bluetooth 或 WIFI 通信接口中的一种或几种，同时也需要提供相应的通信组网协议软件和物理层驱动软件。

友好的多媒体人机交互界面使嵌入式设备能与用户亲密接触。这需要嵌入式软件设计者在图形用户界面和多媒体技术上痛下苦功。

2）人工智能方向

在人工智能的背景下，嵌入式人工智能已是大势所趋，它正成为当前最热门的人工智能商业化途径之一。人工智能与嵌入式系统有什么关系呢？人工智能不可能没有嵌入式系统。要实现人工智能的行为，必须使用嵌入式系统，单片机、嵌入式系统也开启了人工智能的历史进程。在万物互联、万物智能的新时代，嵌入式人工智能技术的发展将使设备端具有更高的智能。5G 物联网核心技术的发展，也将全面释放人工智能的潜能，带动智能设备的爆发式发展。

目前，人工智能、嵌入式、物联网三种技术相结合的产品非常多，应用领域也非常广泛，不管在城市交通、家居领域，还是在农业生产、工业生产领域，都能见到这类产品。

3）智能化制造方向

新一轮汽车、通信、信息电器、医疗、军事等行业巨大的智能化装备需求拉动了嵌入式系统的发展。工业 4.0 以信息物理系统（Cyber – Physical Systems，CPS）为基础，将体现信息技术与制造技术深度融合的数字化、智能化制造作为今后发展的主线，CPS 通过 3C （Computation、Communication、Control）技术的有机融合与深度协作，让物理设备具有计算、通信、控制、远程协调和自治等五大功能。

嵌入式技术作为 CPS 的关键技术，将推动工业产品和技术的升级换代，极大地提高汽车、航空航天、国防、工业自动化、健康及医疗设备等主要工业领域的竞争力。

总之，我国对物联网发展的大力扶植和产业推动，必将更快速地推动智能化电子应用领域的扩张，越来越多的嵌入式设备将走进人们的生活，改变人们的生活，为人们展现更精彩的世界。

 知识拓展

嵌入式系统的起源与发展历程

1. 现代计算机技术的两大分支

电子数字计算机诞生于 1946 年，在其后漫长的历史进程中，计算机始终是存放在特殊的机房中实现数值计算的大型昂贵设备。

直到 20 世纪 70 年代微处理器出现，计算机才出现了历史性的变化。人们将微型机嵌入一个对象体系，实现对对象体系的智能化控制。为了区别于原有的通用计算机系统，把嵌入对象体系，实现对象体系智能化控制的计算机称作嵌入式系统。

嵌入式系统诞生于微型机时代，嵌入式系统的嵌入性本质是将一个计算机嵌入一个对象体系，这是理解嵌入式系统的基本出发点。

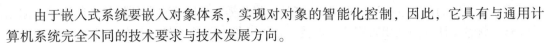

由于嵌入式系统要嵌入对象体系，实现对对象的智能化控制，因此，它具有与通用计算机系统完全不同的技术要求与技术发展方向。

早期，人们勉为其难地对通用计算机系统进行改装，在大型设备中实现嵌入式应用。然而，对于众多对象系统（如家用电器、仪器仪表、工控单元等），无法嵌入通用计算机系统，况且嵌入式系统与通用计算机系统的技术发展方向完全不同，必须独立地发展通用计算机系统与嵌入式系统，这就形成了现代计算机技术发展的两大分支。嵌入式系统的诞生，标志着计算机进入了通用计算机系统与嵌入式系统两大分支并行发展的时代。通用计算机系统与嵌入式系统的专业化分工发展，导致 20 世纪末 21 世纪初计算机技术的飞速发展。这两大分支的技术要求和技术发展方向见表 1.1。

表 1.1 现代计算机技术两大分支的技术要求和技术发展方向

两大分支	技术要求	技术发展方向
通用计算机系统	高速、海量的数值计算	总线速度的无限提升、存储容量的无限扩大
嵌入式系统	对象的智能化控制能力	与对象系统密切相关的嵌入性能、控制能力与控制的可靠性

1）通用计算机系统

计算机专业领域集中精力发展通用计算机系统的软、硬件技术，不必兼顾嵌入式应用要求。通用微处理器迅速从 80286、80386、80486、奔腾发展到酷睿系列，操作系统也朝着提高资源利用率、增强计算机系统性能的方向迅速发展，使通用计算机系统进入尽善尽美的阶段。

2）嵌入式系统

嵌入式系统的发展目标是单芯片化。它动员了原有的传统电子系统领域的厂家与专业人士，接过起源于计算机领域的嵌入式系统，承担起发展与普及嵌入式系统的历史任务，迅速地将传统的电子系统发展到智能化的现代电子系统时代。

因此，现代计算机技术发展的两大分支的意义在于：一是形成了计算机发展的专业化分工；二是将发展计算机技术的任务扩展到传统的电子系统领域；三是使计算机成为进入人类社会全面智能化时代的有力工具。

2. 始于微型机时代的嵌入式应用

嵌入式计算机的真正发展是在微处理器问世之后。1971 年 11 月，英特尔公司成功地把算术运算器和控制器电路集成在一起，推出了第一款微处理器 Intel 4004，其后各厂家陆续推出了许多 8 位、16 位的微处理器，包括 Intel 8080/8085、8086，摩托罗拉的 6800、68000，以及 Zilog 公司的 Z80、Z8000 等。以这些微处理器作为核心所构成的系统，广泛地应用于仪器仪表、医疗设备、机器人、家用电器等领域。微处理器的广泛应用形成了一个广阔的嵌入式应用市场，计算机厂家开始大量地以插件方式向用户提供 OEM 产品，再由用户根据自己的需要选择一套适合的 CPU 板、存储器板以及各式 I/O 插件板，从而构成专用的嵌入式系统，并将其嵌入自己的系统设备。

从灵活性和兼容性方面考虑，出现了系列化、模块化的单板机。流行的单板机有英特尔公司的 iSBC 系列、Zilog 公司的 MCB 等。后来人们可以不必从选择芯片开始设计一台专用的嵌入式计算机，只要选择各功能模块，就能够组建一台专用计算机系统。用户和开发者都希望从不同的厂家选购适合的 OEM 产品，将其插入外购或自制的机箱中就形成新的系统，这样就希望插件是互相兼容的，也就导致工业控制微机系统总线的诞生。1976 年，英特尔公司推出 Multibus，1983 年扩展为带宽达 40 MB/s 的 MulTIbus Ⅱ。1978 年由 Prolog 设计的简单 STD 总线广泛应用于小型嵌入式系统。

20 世纪 80 年代可以说是各种总线层出不穷、群雄并起的时代。随着微电子工艺水平的提高，集成电路制造商开始把嵌入式应用中所需要的微处理器、I/O 接口、A/D 转换、D/A 转换、串行接口以及 RAM、ROM 等部件统统集成到一个 VLSI 中，从而制造出面向 I/O 设计的微控制器，即单片机，成为嵌入式系统异军突起的一支新秀。其后发展的 DSP 产品则进一步提升了嵌入式系统的技术水平，并迅速地渗入消费电子、医用电子、智能控制、通信电子、仪器仪表、交通运输等领域。

20 世纪 90 年代，在分布控制、柔性制造、数字化通信、信息家电等巨大需求的牵引下嵌入式系统进一步加速发展。面向实时信号处理算法的 DSP 产品向着高速、高精度、低功耗方向发展。德州仪器公司推出的第三代 DSP 芯片 TMS320C30，引导微控制器向 32 位高速智能化发展。在应用方面，掌上电脑、便携式计算机、机顶盒技术相对成熟，发展也较为迅速，特别是掌上电脑的发展较为突出。1997 年在美国市场上掌上电脑不过四五个品牌，而 1998 年年底，各式各样的掌上电脑如雨后春笋般纷纷涌现。此外，诺基亚公司（NoKia）推出了智能电话，西门子公司（Siemens）推出了机顶盒，美国慧智公司（Wyse）推出了智能终端，美国国家半导体公司（NS）推出了 WebPad——装载在汽车上的小型计算机，不但可以控制汽车内的各种设备（如音响等），还可以与 GPS 连接，从而自动操控汽车。

21 世纪无疑是网络的时代，使嵌入式系统应用到各类网络中也必然是嵌入式系统发展的重要方向，在发展潜力巨大的"信息家电"中，嵌入式系统与人工智能、模式识别等技术的结合，将开发出各种更加人性化、智能化的实际系统。伴随网络技术、网格计算的发展，以嵌入式移动设备为中心的"无所不在的计算"将成为现实。

3. 应用牵引着嵌入式技术的发展方向

人类对信息的获取、表征、传递、处理、使用的永无止境的追求，推动嵌入式技术的热点不断产生，嵌入式技术的特征在每个时代及时代中的不同阶段是不同的。在工业化时代，仪表控制、工业装备及自动控制等是嵌入式技术最早的用武之地；在信息化时代，家电、计算机、通信及网络快速发展，它们都离不开嵌入式技术。

虚拟现实、大数据、云计算、物联网、5G、区块链、人工智能等时代热点促使网络直播、人脸识别、智能家具、自动驾驶、智慧城市等海量应用应运而生。各种智能手机、多用途的无人机、智能辅助汽车、机器人等产品琳琅满目，嵌入式应用需求日益丰富多样。随着未来物联网、大数据、人工智能技术快速落地，嵌入式技术将以更大的广度、深度进入人类生活。

应用场景的不断扩展、革新对嵌入式系统的软、硬件生态提出更多要求。早期仅有面向工业控制的微控制器，很快就产生了面向信号处理、图形处理的 DSP、GPU，近年来人工智能也不断发展。2010 年以后，随着应用场景、服务内容的不断丰富，嵌入式系统芯片种类迅速增长，复杂度呈指数级提升。飞机、汽车、手机、手表等不同应用领域都出现了定制的异构、多核嵌入式 SoC 系统芯片。快速发展、不断细分的应用场景要求嵌入式系统更加专业化、定制化。人工智能的陆续落地会加剧应用场景的细分需求。面向应用场景定制

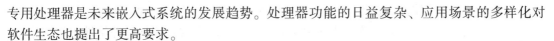

专用处理器是未来嵌入式系统的发展趋势。处理器功能的日益复杂、应用场景的多样化对软件生态也提出了更高要求。

嵌入式系统在金融、飞机、汽车、核电等高安全领域日益广泛的应用，对嵌入式系统的安全性、可靠性、可信任性提出更高要求。各行各业产生了各种软、硬件研制规范、标准及过程管控体系，研制出相应的处理器和操作系统。随着应用复杂度的不断提升、嵌入式系统规模的不断扩大，满足安全性、可靠性、可信任性等特性的设计方法仍需进一步探索。应用将持续牵引各项嵌入式技术协同、可持续发展。

4. 计算机技术是构建嵌入式系统的核心

应用牵引嵌入式技术协同发展，而不同的计算架构及相应的软、硬件技术，支撑着嵌入式技术发展的每个阶段。20 世纪 70 年代处理器的诞生解决了控制问题，形成以 CPU 为核心、集成各种 I/O 接口的微控制器，快速实现了工业控制、家电等应用；20 世纪 80 年代 DSP 的诞生解决了信号处理问题，也形成以 CPU、DSP 为处理核心的移动通信控制 + 处理系统，促进了移动通信设备的发展；进入 21 世纪，GPU 的诞生解决了图形显示问题，形成了以 CPU、GPU 为核心的图形显示系统，促进了可视化工业控制、电子仪表的广泛应用。从 2010 年起，以 CPU、DSP、GPU 为核心的可视化移动通信嵌入式系统更是引发了智能手机的热潮。2006 年 GPGPU 的诞生指数级地提升了并行计算能力，英伟达公司也率先推出以 CPU、GPGPU 为核心的自动驾驶大数据处理嵌入式系统。随着深度学习神经网络的兴起，2017 年 NPU（神经网络处理器）应运而生，华为公司率先将 NPU 集成到智能手机 SoC 中，为嵌入式系统增添了人工智能元素，极大地增强了人脸识别、智能拍照处理等智能应用的效果。

每一代计算机技术的创新都为嵌入式技术增添新的活力，使嵌入式系统具有丰富的功能、强大的性能以及更好地实现效能，推动各类应用快速落地。

5. 软件技术是嵌入式系统的灵魂

软、硬件协同是嵌入式技术的一大特征，伴随着嵌入式技术的快速发展，嵌入式软件也得到了极大的发展。开发语言从早期的以汇编、C ++ 语言为主，发展到现在的 C ++、Python、Java，编程语言百家争鸣，一方面扩展了嵌入式系统的应用空间，另一方面将专业更加细分，使硬件潜力得到更好的挖掘。同时以 VxWorks、Android、嵌入式 Linux 为代表的嵌入式操作系统的出现更为嵌入式系统的发展增添了强劲动力。

在面向智能化的今天，嵌入式软件的发展已打造出面向各种应用领域的软件生态系统，以 Android 为代表的消费类手机终端等生态、以 ROS 为代表的机器人生态和以 Apollo 为代表的无人驾驶生态等，这些嵌入式开发生态都以嵌入式软件技术为核心，统一软件架构及用户 API，并利用硬件抽象层技术构建起一套开放式的硬件支持架构。嵌入式生态系统的出现不仅促进了面向应用领域的嵌入式系统的有序发展，更进一步促进了产业发展中的应用需求与硬件的快速融合。纵观嵌入式系统的软、硬件发展历程，微电子技术为嵌入式系统提供了强壮的身躯，软件技术则为嵌入式系统赋予了灵活的大脑、活力及灵魂。

随着嵌入式系统的日益复杂，软件生态的复杂度、规模呈指数级增长，人工智能的落地更加速了软件生态复杂度的提升。软件工程、开源软件、软件质量将成为嵌入式软件的重点。尤其对于应用在航空航天、汽车、金融等高安全领域的软件系统，安全性、可靠性、可信性的软件设计、认证尤为重要。国家在可信软件方面大量投入，在金融、互联网、航空航天等领域的应用软件开发方面取得了举世瞩目的成果。而嵌入式领域软、硬件深度融合，可信性设计难以通过单一软件或硬件层面达到，需结合软、硬件处理特性，相互配合、相互补充、协同设计，共同构建安全可靠、可信任的系统。可信软、硬件生态协同设计将成为研究热点。

6. 嵌入式系统的发展阶段

嵌入式系统在过去发展的几十年中主要经历了以下 4 个阶段。

第 1 阶段是以单芯片为核心的可编程控制器形式的系统。嵌入式系统虽然起源于微型计算机，然而微型计算机的体积、价位、可靠性都无法满足特定的嵌入式应用要求，因此，嵌入式系统必须走独立发展的道路。这条道路就是芯片化道路，即将计算机做在一个芯片上，从而开创了嵌入式系统独立发展的单片机时代。单片机就是一个典型的嵌入式系统，这类系统大部分应用于一些专业性强的工业控制系统中，一般没有操作系统的支持，软件以汇编语言编写。这一阶段嵌入式系统的主要特点是：系统结构和功能相对单一，处理效率较低，存储容量较小，几乎没有用户接口。由于这种嵌入式系统使用简单、价格低，以前在国内工业领域应用较为普遍，但是现在已经远不能适应高效的、需要大容量存储的现代工业控制和新兴信息家电等领域的需求。

第 2 阶段是以嵌入式 CPU 为基础、以简单操作系统为核心的嵌入式系统。其主要特点是：CPU 种类繁多，通用性比较弱；系统开销小，效率高；操作系统具有一定的兼容性和扩展性；应用软件较专业化，用户界面不够友好。

第 3 阶段是以嵌入式操作系统为标志的嵌入式系统。其主要特点是：嵌入式操作系统能运行于各种不同类型的微处理器上，兼容性好；嵌入式操作系统内核小、效率高，并且具有高度的模块化和扩展性；具备文件和目录管理功能，支持多任务和网络应用，具备图形窗口和用户界面；具有大量的 API，开发应用程序较简单；嵌入式应用软件丰富。

第 4 阶段是以 Internet 为标志的嵌入式系统。这是一个正在迅速发展的阶段。目前，大多数嵌入式系统还孤立于 Internet 之外，但随着 Internet 的发展以及 Internet 技术与信息家电、工业控制技术的结合日益密切，嵌入式设备与 Internet 的结合将代表嵌入式系统的未来。

任务 2　ARM 概述

1.2.1　任务分析

1. 任务描述

本任务的主要内容是学习 ARM 处理器的发展历程、ARM 体系结构、Cortex – M3 内核分类、STM32 微控制器的内部结构。

2. 任务目标

（1）了解 ARM 处理器的发展历程及其体系结构；

（2）掌握 Cortex – M3 内核分类；

（3）了解 STM32 微控制器的内部结构。

1.2.2 知识链接

嵌入式微
控制器概述

ARM 处理器是英国 ARM 有限公司设计的低功耗、低成本的第一款 RISC 微处理器，全称为 Advanced RISC Machine。ARM 处理器本身是 32 位设计，但也配备 16 位指令集，一般来讲比等价 32 位代码节省 35% 的容量，却能保留 32 位系统的所有优势。

1991 年 ARM 公司成立于英国剑桥，主要出售芯片设计技术的授权。采用 ARM 技术知识产权（IP 核）的微处理器，即通常所说的 ARM 微处理器，已遍及工业控制、消费类电子产品、通信系统、网络系统、无线系统等各类产品市场，基于 ARM 技术的微处理器应用大约占据了 32 位 RISC 微处理器 75% 以上的市场份额，ARM 技术正在逐步渗入人们生活的各个方面。

20 世纪 90 年代，ARM 公司的业绩平平，处理器的出货量徘徊不前。由于资金短缺，ARM 公司做出了一个意义深远的决定：自己不制造芯片，只将芯片的设计方案授权给其他公司，由它们来生产。正是这个模式，最终使 ARM 芯片遍地开花，将封闭设计的英特尔公司置于"人民战争"的汪洋大海。

进入 21 世纪之后，由于手机制造行业的快速发展，ARM 处理器的出货量呈现爆炸式增长，ARM 处理器占领了全球手机市场。2006 年，全球 ARM 芯片出货量为 20 亿片，2010 年，ARM 公司合作伙伴的出货量达到了 60 亿片。

ARM 公司是专门从事基于 RISC 技术芯片设计开发的公司，作为知识产权供应商，它本身不直接从事芯片生产，而转让设计许可由合作公司生产各具特色的芯片，世界各大半导体生产商从 ARM 公司购买其设计的 ARM 微处理器内核，根据各自不同的应用领域，加入适当的外围电路，从而形成自己的 ARM 微处理器芯片进入市场。全世界有几十家大的半导体公司与 ARM 公司签订了硬件技术使用许可协议，其中包括英特尔、IBM、三星半导体、NEC、索尼、飞利浦和美国国家仪器（NI）这样的大公司。

ARM 公司通过出售芯片技术授权，建立起新型的微处理器设计、生产和销售商业模式。ARM 公司将其技术授权给世界上许多著名的半导体、软件和 OEM 厂商，每个厂商得到的都是一套独一无二的 ARM 相关技术及服务。利用这种合伙关系，ARM 公司很快成为许多全球性 RISC 标准的缔造者。

1. ARM 体系架构

架构是对一个处理器的功能性规范，也可以把它理解为软件和硬件之间的桥梁，它规范硬件提供什么样的功能供软件调用。

ARM 的体系架构是一个 32 位 RISC 处理器架构，已经历了 8 个版本，版本号分别是 v1~v8。表 1.2 给出了 ARM 处理器内核使用 ARM 体系结构版本的情况。

表 1.2　ARM 处理器内核使用 ARM 体系结构版本的情况

ARM 处理器内核	ARM 体系结构
ARM1	v1
ARM2	v2
ARM2aS、ARM3	v2a

续表

ARM 处理器内核	ARM 体系结构
ARM6、ARM600、ARM610	v3
ARM7、ARM700、ARM710	v3
ARM7TDMI、ARM710T、ARM720T、ARM740T	v4T
Strong ARM、ARM8、ARM810	v4
ARM9TDMI、ARM920T、ARM940T	v4T
ARM9E – S	v5TE
ARM10TDMI、ARM1020E	v5TE
ARM11、ARM1156T2 – S、ARM1156T2F – S、ARM1176JZF – S、ARM11JZF – S	v6
Cortex – A5、Cortex – A7、Cortex – A8、Cortex – A9、Cortex – A12、Cortex – A15	v7
Cortex – A53、Cortex – A57、Cortex – A72	v8

Cortex 是 ARM 的全新一代处理器内核，它在本质上是在 ARMv7/v8 架构上实现的，它完全有别于 ARM 的其他内核，是全新开发的。Cortex 内核可以分成 3 个系列，即 Cortex – A、Cortex – M、Cortex – R。Cortex – A 系列是面向性能密集型系统的应用处理器内核，Cortex – R 系列是面向实时应用的高性能内核，Cortex – M 系列是面向各类嵌入式应用的微控制器内核。

Cortex – A 系列处理器为利用操作系统（例如 Linux 或者 Android）的设备提供了一系列解决方案，这些设备被用于各类应用，从低成本手持设备到智能手机、平板电脑、机顶盒以及企业网络设备等。

Cortex – R 系列处理器针对高性能实时应用，例如硬盘控制器（或固态驱动控制器）、企业中的网络设备和打印机、消费电子设备（例如蓝光播放器和媒体播放器）以及汽车应用（例如安全气囊、制动系统和发动机管理）。Cortex – R 系列在某些方面与高端微控制器（MCU）类似，但是，它针对的是比通常使用标准微控制器的系统还要大型的系统。

Cortex – M 系列是基于 ARMv7 – M 架构构建的。Cortex – M 系列旨在提供一种高性能、低成本的微处理器平台，以满足最小存储器、小引脚数和低功耗的需求，同时兼顾卓越的计算性能和出色的中断管理能力。与 MCS – 51 单片机采用的冯·诺依曼结构不同，Cortex – M 系列采用的是哈佛结构，即程序存储器和数据存储器不分开，统一编址。STM32 就属于 Cortex – M 系列。

2. STM32 微控制器

STM32 是意法半导体有限公司出品的一系列微控制器的统称。从字面意思上理解，ST 表示意法半导体有限公司，M 是 Microelectronics 的缩写，32 表示 32 位，那么整合起来理解就是指意法半导体有限公司开发的 32 位微控制器。

STM32 概述

意法半导体集团于 1987 年 6 月成立，由意大利的 SGS 微电子公司和法国的 Thomson 半导体公司合并而成，1998 年 5 月改名为意法半导体有限公司，意法半导体有限公司是世界最大的半导体公司之一。从成立之初至今，意法半导体有限公司的增长速度超过了半导体工业的整体增长速度。自 1999 年起，意法半导体有限公司始终是世界十大半导体公司之一。据最新的工业统计数据，意法半导体有限公司是全球第五大半导体厂商，在很多市场居世界领先水平。例如，意法半导体有限公司是世界第一大专用模拟芯片和电源转换芯片制造商、世界第一大工业半导体和机顶盒芯片供应商，而且在分立器件、手机相机模块和车用集成电路领域居世界前列。

STM32 系列从内核上分，可分为 Cortex – M0/M0 +、Cortex – M1、Cortex – M3、Cortex – M4以及 Cortex – M7。这些内核是专门为要求高性能、低成本、低功耗的嵌入式应用设计的。其中 Cortex – M0 主打低功耗和混合信号的处理，Cortex – M3 主要用来替代 ARM7，侧重能耗和性能的均衡，而 Cortex – M7 则重点应用于高性能控制运算领域。

STM32 系列从应用上大体分为：超低功耗型、主流型、高性能型。

（1）高性能型，高度的集成和丰富的连接。

STM32F7：极高性能的微控制器类别，支持高级特性；Cortex – M7 内核；512 KB ~ 1 MB 的 FLASH。

STM32F4：支持访问高级特性的高性能 DSP 和 FPU 指令；Cortex – M4 内核；128 KB ~ 2 MB 的 FLASH。

STM32F2：性价比极高的中档微控制器类别；Cortex – M3 内核；128 KB ~ 1 MB 的 FLASH。

（2）主流型，灵活、扩展的微控制器，支持极为宽泛的产品应用。

STM32F3：升级 F1 系列各级别的先进模拟外设；Cortex – M4 内核；16 ~ 512 KB 的 FLASH。

STM32F1：基础系列；Cortex – M3 内核；16 KB ~ 1 MB 的 FLASH。

STM32F0：入门级别的微控制器，扩展了 8/16 位处理器的世界；Cortex – M0 内核；16 ~ 256 KB 的 FLASH。

（3）超低功耗型，极小电源开销的产品应用。

STM32L4：优秀的超低功耗性能；Cortex – M4 内核；128 KB ~ 1 MB 的 FLASH。

STM32L1：扩展了超低功耗的理念，并且不会牺牲性能；Cortex – M3 内核；32 ~ 512 KB 的 FLASH。

STM32L0：完美符合 8/16 位应用而且超值设计的类别；Cortex – M0 + 内核；16 ~ 192 KB 的 FLASH。

3. STM32 内部结构

STM32 和其他单片机类似，是在一个芯片上集成了计算机或微控制器该有的基本功能部件。这些功能部件通过总线连在一起。就 STM32 而言，这些功能部件主要包括：Cortex – M 内核、总线、系统时钟发生器、复位电路、程序存储器、数据存储器、中断控制、调试接口，以及各种功能外设。对于不同的芯片系列和型号，外设的数量和种类也不一样，常有的基本功能外设包括：输入/输出接口 GPIO、定时/计数器 TIMER/COUNTER、串行通信接口 USART、串行总线 I²C 和 SPI 总线、I²S 总线、SD 卡接口 SDIO、USB 接口等。

知识拓展

嵌入式处理器种类

1. 嵌入式微处理器

嵌入式微处理器由通用计算机中的 CPU 演变而来。它的特征是具有 32 位以上的处理器，具有较高的性能。与通入计算机处理器不同的是，在实际嵌入式应用中，只保留和嵌入式应用紧密相关的功能硬件，去除其他冗余功能部分，以最低的功耗和资源实现嵌入式应用的特殊要求。和工业控制计算机相比，嵌入式微处理器具有体积小、质量小、成本低、可靠性高的优点。

目前主要的嵌入式微处理器类型有 Am186/88、386EX、SC – 400、Power PC、68000、MIPS、ARM/Strong ARM 系列等。

1）ARM/Strong ARM

ARM/Strong ARM 专为手持设备开发的嵌入式微处理器。

2）Power PC

Power PC 由 IBM、苹果和摩托罗拉 3 家公司联合开发，并制造出基于 Power PC 的多处理器计算机。Power PC 架构具有可伸缩性好、方便灵活的特点。主要有以下产品使用 Power PC 嵌入式微处理器：苹果公司的 Power Macintosh 系列、PowerBook 系列（1995 年以后的产品）、iBook 系列、iMac 系列（2005 年以前的产品）、eMac 系列产品；任天堂公司的 GameCube 和 Wii；索尼公司的 PlayStation 3。

3）MIPS

MIPS 即无内部互锁流水级的微处理器（Microprocessor without Interlocked Piped Stages）。MIPS 是世界上很流行的一种 RISC 处理器，其机制是尽量利用软件办法避免流水线中的数据相关问题。它是在 20 世纪 80 年代初期由斯坦福（Stanford）大学 Hennessy 教授领导的研究小组研制出来的。MIPS 技术公司的 R 系列就是在此基础上开发的 RISC 工业产品的微处理器。很多计算机公司采用这些系列产品构成各种工作站和计算机系统。MIPS 技术公司是美国著名的芯片设计公司，它采用 RISC 系统计算结构设计芯片。和英特尔公司采用的 CISC 系统计算结构相比，RISC 具有设计更简单、设计周期更短等优点，并可以应用更多先进的技术，开发更快的下一代处理器。MIPS 是出现最早的商业 RISC 架构芯片之一，新的架构集成了所有原来的 MIPS 指令集，并增加了许多更强大的功能。MIPS 处理器是 20 世纪 80 年代中期 RISC CPU 设计的一大热点。索尼公司、任天堂公司的游戏机，思科公司的路由器和美国硅图公司的超级计算机都采用了 MIPS。目前随着 RISC 体系结构遭到 x86 芯片的竞争，MIPS 有可能是起初 RISC CPU 设计中唯一的一个在 21 世纪盈利的。和英特尔公司的芯片相比，MIPS 的授权费用比较低，故它被除英特尔公司外的大多数芯片厂商采用。

2. 嵌入式微控制器

嵌入式微控制器的典型代表是单片机，从 20 世纪 70 年代末单片机出现到今天，虽然已经经过了 20 多年的历史，但这种 8 位的电子器件目前在嵌入式设备中仍然有着极其广泛的应用。单片机芯片内部集成 ROM/EPROM、RAM、总线、总线逻辑、定时/计数器、看门狗、I/O、串行通信接口、脉宽调制输出、A/D、D/A、FLASH RAM、EEPROM 等各种必要功能和外设。和嵌入式微处理器相比，嵌入式微控制器的最大特点是单片化，体积大大减小，从而使功耗和成本下降、可靠性提高。嵌入式微控制器是目前嵌入式系统工业的主流。嵌入式微控制器的片上外设资源一般比较丰富，适合控制。

嵌入式微处理器价格低廉，性能优良，拥有的品种和数量较多，比较有代表性的包括8051、MCS – 251、MCS – 96/196/296、P51XA、C166/167、68K 系列以及 MCU 8XC930/931、C540、C541，并且有支持 I2C、CAN – Bus、LCD 的众多专用嵌入式微控制器和兼容系列。目前嵌入式微处理器占嵌入式系统约70% 的市场份额。近来 Atmel 公司出产的 AVR 单片机集成了 FPGA 等器件，具有很高的性价比，势必推动单片机获得更大的发展。

3. 嵌入式 DSP 处理器

嵌入式 DSP 处理器是专门用于信号处理方面的处理器，其在系统结构和指令算法方面进行了特殊设计，具有很高的编译效率和指令执行速度。在数字滤波、FFT、谱分析等各种仪器上 DSP 获得了大规模的应用。DSP 的理论算法在 20 世纪 70 年代就已经出现，但是由于专门的 DSP 处理器还未出现，所以这种理论算法只能通过微处理器等由分立元件实现。微处理器较低的处理速度无法满足 DSP 的算法要求，其应用局限于一些尖端的高科技领域。随着大规模集成电路技术的发展，1982 年世界上诞生了首枚 DSP 芯片。其运算速度比微处理器快了几十倍，在语音合成和编码解码方面得到了广泛应用。到 20 世纪 80 年代中期，随着 CMOS 技术的进步与发展，第二代基于 CMOS 工艺的 DSP 芯片应运而生，其存储容量和运算速度都得到成倍提高，成为语音处理、图像硬件处理技术的基础。到 20 世纪 80 年代后期，DSP 的运算速度进一步提高，应用领域也从上述范围扩大到了通信和计算机方面。20 世纪 90 年代后，DSP 发展到了第五代产品，集成度更高，使用范围也更加广泛。目前应用最为广泛的是德州仪器公司的 TMS320C2000/C5000 系列，另外如英特尔公司的 MCS – 296 和西门子公司的 TriCore 也有各自的应用范围。

飞思卡尔（Freescale）DSP 处理器采用 StarCore 技术，是业内最高性能的可编程器件，可满足基带、航空航天、国防、医疗、测试与测量市场的需求。StarCore DSP 系列产品提供全面灵活扩展的解决方案，帮助客户加快产品上市。StarCore DSP 系列产品具有低功耗、低成本的显著特点，是下一代设计的理想解决方案，通过新一代创新实现更加智能的世界。

多核芯片主要包括：①MSC8122：带有以太网的四核 16 位 DSP；②MSC8126：带有以太网、TCOP 和 VCOP 的四核 16 位 DSP；③MSC8144：四核 DSP；④MSC8152：高性能双核 DSP；⑤MSC8154：高性能四核 DSP；⑥MSC8154E：带有安全功能的高性能四核 DSP；⑦MSC8156：高性能六核 DSP；⑧ MSC8156E：带有安全功能的高性能六核 DSP；⑨MSC8157：宽带无线接入 DSP；⑩MSC8158：宽带无线接入 DSP；⑪MSC8252：高性能双核 DSP；⑫MSC8254：高性能四核 DSP；⑬MSC8256：高性能六核 DSP。单核芯片主要包括MSC8151（高性能单核 DSP）、MSC8251（高性能单核 DSP）。

4. 嵌入式片上系统

嵌入式片上系统是追求产品系统最大包容的集成器件，是目前嵌入式应用领域的热门话题之一。嵌入式片上系统的最大特点是成功实现了软、硬件无缝结合，直接在处理器片内嵌入操作系统的代码模块。嵌入式片上系统具有极高的综合性，在一个硅片内部运用

VHDL 等硬件描述语言，实现一个复杂的系统。用户不需要像传统的系统设计那样绘制庞大复杂的电路板，一点点地连接焊制，只需要使用精确的语言，综合时序设计，直接在器件库中调用各种通用处理器的标准，然后通过仿真就可以直接交付芯片厂商进行生产。由于绝大部分系统构件都是在系统内部，整个系统因此特别简洁，不仅减小了系统的体积和功耗，而且提高了系统的可靠性，提高了设计生产效率。由于嵌入式片上系统往往是专用的，所以大部分都不为用户所知，比较典型的嵌入式片上系统产品是飞利浦公司的 Smart XA。少数通用系列如西门子公司的 TriCore、摩托罗拉公司的 M - Core、某些 ARM 系列器件、埃施朗公司和摩托罗拉公司联合研制的 Neuron 芯片等。预计在不久的将来，一些大的芯片公司将通过推出成熟的、能占领多数市场的嵌入式片上系统芯片，一举击退竞争者。嵌入式片上系统芯片在声音、图像、影视、网络及系统逻辑等应用领域中也发挥着重要作用。

任务 3　STM32 最小系统

1.3.1　任务分析

1. 任务描述

学习 STM32 最小系统的组成结构，并能够设计其最小系统。

2. 任务目标

（1）掌握 STM32 最小系统的组成结构；

（2）能够进行 STM32 最小系统设计。

STM32 最小系统

1.3.2　知识链接

最小系统是单片机工作的最低要求，不含外设控制，原理简单，仅包含必需的元器件，仅可运行最基本软件的简化系统。无论多么复杂的嵌入式系统都可以认为是由最小系统和扩展功能组成的。

典型的 STM32 最小系统由 STM32 微控制器、电源电路、时钟电路、复位电路、启动配置电路和程序下载电路构成。

1. 电源电路

电源电路是整个系统的基础，它为所有组成模块提供合适且稳定的电源，保障各功能模块的正常运行。在图 1.4 所示的电源电路中，通过适配器为系统供电，DC_IN 是适配器的输入端，输入的电压范围是 DC6 ~ 24 V，输入电压经过 MP2359 稳压芯片转换为 5 V 电压输出。D4 是防反接二极管，避免外部直流电源极性搞错的时候烧坏开发板。

STM32 处理器的工作电压为 2.0 ~ 3.6 V，一般使用 3.3 V，因此必须采用转换电路将5 V电压转换为 3.3 V 电压。电压稳压芯片 AMS1117 - 3.3 是一款输出电压为 3.3 V 的正向低压降稳压器，输入的 5 V 电压通过该芯片转换输出固定的 3.3 V 电压，可用于 SRAM、FLASH 以及晶振等芯片电路的供电。该电路周围分布的电容可以起到滤波的作用。电压转换电路如图 1.5 所示。

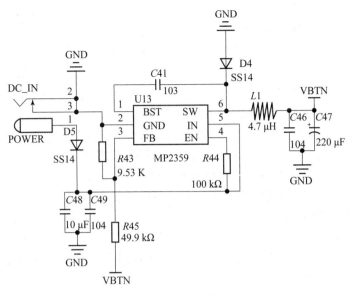

图 1.4 DC 电压输入

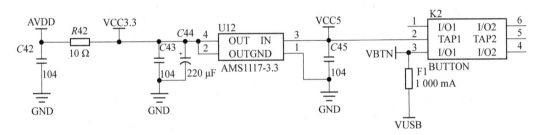

图 1.5 电压转换电路

2. 时钟电路

外部时钟电路（即晶振电路）为系统提供基本的时钟信号。

战舰 V3 开发板上包含两个晶振，分别为：外部 8 MHz 的高速晶振，为系统提供时钟信号，如图 1.6 所示；内部 32.768 kHz 的内部晶振，为 RTC 提供时钟信号，如图 1.7 所示。电容的作用是保证晶振输出的振荡频率更加稳定。

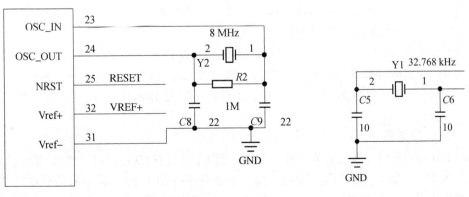

图 1.6 外部晶振电路　　　　　　　图 1.7 内部晶振电路

3. 复位电路

采用按键和保护电阻、电容构成复位电路，如图 1.8 所示。STM32 是低电平复位，因此按下按键，引脚与地相连，触发系统复位。

根据复位电路可以看出，当 RSET 键闭合时电路导通，RSET 为芯片的复位引脚信号，此时芯片复位引脚接通 GND，芯片将会复位重启。其中的电容 $C12$ 的目的是按键消抖，防止在按键刚刚接触/松开时的电平抖动引发误动作，即当开发板上电瞬间，电容开始充电，复位引脚为低电平，所以上电瞬间开发板也会复位重启，但随着电容充电完成，引脚变为高电平，则不会再进行复位重启。

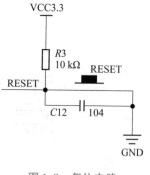

图 1.8　复位电路

4. 启动配置电路

STM32F103 系列控制器有 3 种启动模式，由 BOOT［1:0］引脚决定，启动模式见表 1.3。

表 1.3　BOOT 启动模式

BOOT0	BOOT1	启动模式
0	x	从主闪存存储器启动
1	0	从系统存储器启动
1	1	从内置 SRAM 启动

3 种启动模式对应的存储介质均是芯片内置的。

1）主闪存存储器

用户主闪存存储器即芯片内置的 FLASH 闪存。

2）SRAM

SRAM 是指芯片内置的 RAM 区，即内存。

3）系统存储器

系统存储器是指芯片内部一块特定的区域，芯片出厂时在这个区域预置了一段 Bootloader，也就是通常说的 ISP 程序。这个区域的内容在芯片出厂后没有人能够修改或擦除，即它是一个 ROM 区，使用 USART1 作为通信口。

启动配置电路如图 1.9 所示。若需要用串口下载代码，则必须配置 BOOT0 为 1，BOOT1 为 0；若想从内置 SRAM 中启动程序，则必须配置配置 BOOT0 为 1，BOOT1 为 1；若想让 STM32 一按复位键就开始运行程序，则需要配置 BOOT0 为 0，BOOT1 为 0 或 1 均可。

5. 程序下载电路

STM32 常用的调试下载接口有两种，分别是 JTAG 接口和 SWD 接口。JTAG 是一种国际标准测试协议，主要用于芯片内部测试。程序下载电路（图 1.10）采用的是标准的 JTAG 接口。SWD 接口只需要 2 根线（SWCLK 和 SWDIO）就可以下载并调试代码。

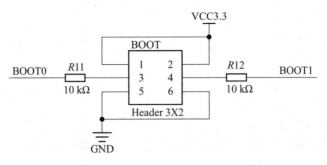

图 1.9 启动配置电路

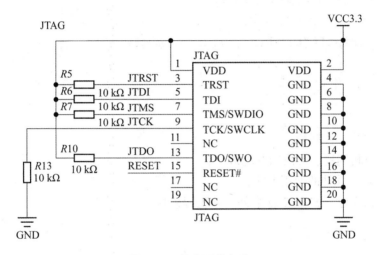

图 1.10 程序下载电路

相比 JTAG 接口，SWD 接口有以下优点：

（1）所需引脚更少；

（2）在高速模式下更加可靠；

（3）在大量数据的模式下，JTAG 接口下载程序可能会失败，但 SWD 接口发生程序下载失败的几率会低很多。

战舰 V3 开发板的 SWD 接口与 JTAG 接口是共用的，接上 JTAG 接口就可以使用 SWD 模式，推荐一律使用 SWD 模式。

任务 4　标准外设库工程的建立

1.4.1　任务分析

1. 任务描述

建立基于标准外设库的工程模板，工程文件夹命名为"Template"，STM32 型号为 STM32F103ZET6。工程中的"main. c"文件中代码如下：

```
#include"delay.h"
#include"usart.h"
int main(void)
{
    u8 t =0;
    delay_init();
    NVIC_PriorityGroupConfig(NVIC_PriorityGroup_2);
    uart_init(115200);
    while(1)
    {
        printf("t:%d\n",t);delay_ms(500);t ++;
    }
}
```

2. 任务目标

（1）培养团队协作精神；

（2）培养分析问题、解决问题的能力；

（3）掌握 Keil 软件的使用方法；

（4）能够独立建立 STM32 标准外设库工程模板。

1.4.2 任务实施规划

建立工程模板的步骤如图 1.11 所示。

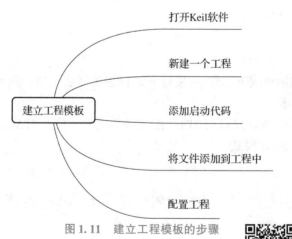

图 1.11　建立工程模板的步骤

1.4.3 任务实施

1. 步骤一：准备

在建立工程之前，在计算机的某个目录下面建立一个文件夹，后面所建立的工程都可以放在这个文件夹下面。例如建立的文件夹为"Template"。

MDK 环境搭建

基于 STM32 固件库
建立工程模板

2. 步骤二：新建工程

（1）选择 MDK 的菜单"Project"→"New uVision Project"选项，如图 1.12 所示，然后将目录定位到刚才建立的文件夹"Template"之下，在这个目录下面建立子文件夹"USER"（代码工程文件都放在"USER"目录下，也可以新建"Project"目录放在其下面）。定位到"USER"目录下面，所编写的工程文件都保存到"USER"文件夹下面。将工程命名为"Template"，单击"保存"按钮，如图 1.13 所示。

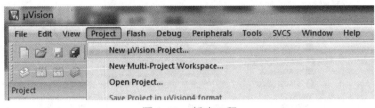

图 1.12　新建工程

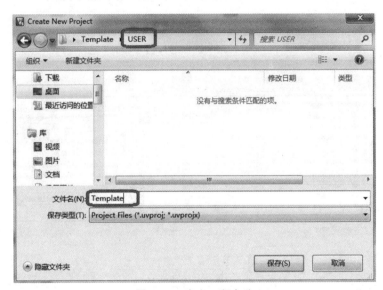

图 1.13　定义工程名称

（2）在选择 CPU 的界面中，选择芯片型号，如图 1.14 所示。战舰 V3 开发板所使用的 STM32 微控制器型号为 STM32F103ZET6。注意：一定要安装对应的器件包"Keil. STM32F1xx_DFP. 1. 0. 5. pack"。

（3）单击"OK"按钮，MDK 会弹出"Manage Run‐Time Environment"对话框。MDK5 新增了添加需要组件的功能，以方便构建开发环境。在此对话框中单击"Cancel"，如图 1.15 所示。

工程初步建立，如图 1.16 所示。

3. 步骤三：添加启动代码以及".c"文件等

（1）"USER"目录下面包含 2 个文件夹（"Listings"和"Objects"）和 2 个文件（"Template. uvoptx"和"Template. uvprojx"），其中"Listings"和"Objects"文件夹是 MDK 自动生成的文件夹，用于存放编译过程中产生的中间文件。为了兼容 MDK5. 1 之前版本的工程，可以将"Listings"和"Objects"文件夹删除。

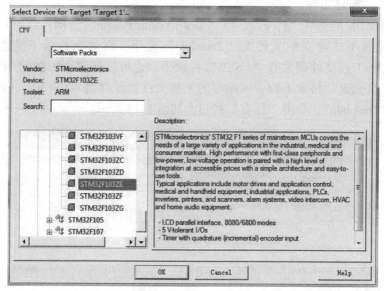

图 1. 14　选择芯片型号

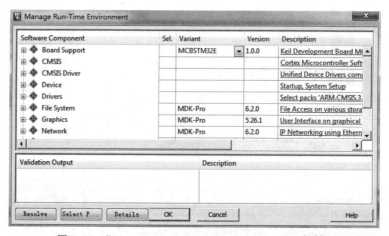

图 1. 15　"Manage Run – Time Environment" 对话框

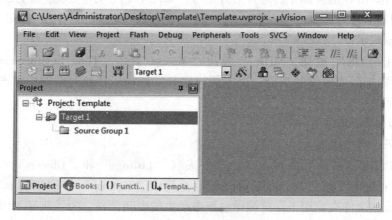

图 1. 16　工程初步建立

（2）在"Template"工程目录下面，新建 3 个文件夹"CORE""OBJ"以及"STM32F10x_FWLib"。

"CORE"文件夹用来存放核心文件和启动文件；

"OBJ"文件夹用来存放编译过程文件以及 hex 文件；

"STM32F10x_FWLib"文件夹用来存放 ST 官方提供的库函数源码文件；

"USER"目录除了用来放工程文件外，还用来存放主函数文件"main.c"，以及其他文件，包括"system_stm32f10x.c"等。

（3）将官方的标准外设库包里的源码文件复制到工程目录文件夹下。

在标准外设库包的目录"STM32F10x_StdPeriph_Lib_V3.5.0\Libraries\STM32F10x_StdPeriph_Driver"下面，将目录下面的"src""inc"文件夹复制到建立的"STM32F10x_FWLib"文件夹下面。其中"src"文件夹存放的是标准外设库的".c"文件，"inc"文件夹存放的是对应的".h"文件。

（4）将标准外设库包里面相关的启动文件复制到工程目录"CORE"下。

打开官方标准外设库包，定位到目录"STM32F10x_StdPeriph_Lib_V3.5.0\Libraries\CMSIS\CM3\CoreSupport"下面，将文件"core_cm3.c"和文件"core_cm3.h"复制到"CORE"文件夹下面。

定位到目录"STM32F10x_StdPeriph_Lib_V3.5.0\Libraries\CMSIS\CM3\DeviceSupport\ST\STM32F10x\startup\arm"下面，将"startup_stm32f10x_hd.s"文件复制到"CORE"文件夹下面。芯片 STM32F103ZET6 是大容量芯片，所以选择这个启动文件。启动文件夹如图 1.17 所示。

图 1.17 启动文件夹

（5）定位到目录"STM32F10x_StdPeriph_Lib_V3.5.0\Libraries\CMSIS\CM3\DeviceSupport\ST\STM32F10x"下面，将里面的 3 个文件"stm32f10x.h""system_stm32f10x.c""system_stm32f10x.h"复制到"USER"目录之下。然后将目录"STM32F10x_StdPeriph_Lib_V3.5.0\Project\STM32F10x_StdPeriph_Template"下面的 4 个文件"main.c""stm32f10x_conf.h""stm32f10x_it.c""stm32f10x_it.h"复制到"USER"目录之下。

4. 步骤四：将文件添加到工程中

（1）用鼠标右键单击"Target1"选项，选择"Manage Project Items"选项，如图 1.18 所示。

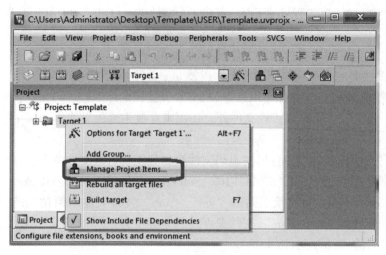

图 1.18　选择"Management Project Itmes"选项

在"Project Targets"栏将 Target 名字修改为"Template"，然后在"Groups"栏删掉一个 Source Group1，建立 3 个分组——"USER""CORE""FWLIB"，然后单击"OK"按钮，可以看到 Target 名字以及分组情况，如图 1.19 所示。

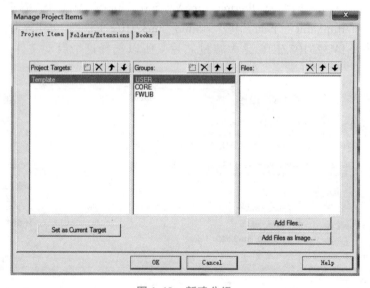

图 1.19　新建分组

（2）往分组里面添加需要的文件。

第一步：选择"FWLIB"，然后单击右边的"Add Files"按钮，定位到刚才建立的目录"STM32F10x_FWLib/src"下面，将里面所有的文件选中（按"Ctrl + A"组合键），然后单击"Add"按钮，再单击"Close"按钮。注意：为了精简工程，提高编译速度，可以只添加用到的其中外设对应的库文件即可，例如用到 GPIO 时，只添加"stm32f10x_gpio. c"即可。

第二步：将分组定位到"CORE"和"USER"下面，添加需要的文件。在"CORE"下面需要添加的文件为"core_cm3. c""startup_stm32f10x_hd. s"（注意：默认添加的时候文件类型为". c"，也就是添加"startup_stm32f10x_hd. s"启动文件的时候，需要选择文件类型

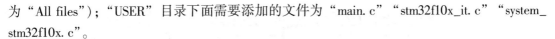

为 "All files"); "USER" 目录下面需要添加的文件为 "main. c" "stm32f10x_it. c" "system_ stm32f10x. c"。

最后单击 "OK" 按钮，回到工程主界面。

5. 步骤五：配置工程

（1）选择编译后文件的存放目录。方法是单击魔术棒，然后单击 "Output" 选项卡下面的 "Select Folder for Objects…" 按钮，选择目录为上面新建的 "OBJ" 目录，如图 1.20 所示。

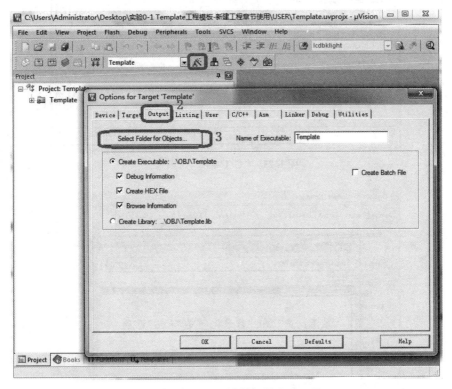

图 1.20　选择编译后的文件存放目录

注意：如果不设置 Output 路径，那么默认的编译中间文件存放目录是 MDK 自动生成的 "Objects" 目录和 "Listings" 目录。

（2）添加头文件目录。选择 "C/C ++" 选项卡（图 1.21），然后单击 "Include Paths" 栏右边的按钮。弹出一个添加头文件路径的对话框（图 1.22），然后将图中的 3 个目录添加进去。

注意，Keil 只会在一级目录查找，如果目录下面还有子目录，则一定要定位到最后一级子目录，然后单击 "OK" 按钮。

（3）全局的宏定义变量。

通过宏定义进行库函数的配置和外设的选择，需要配置一个全局的宏定义变量。定位到 "C/C ++" 选项卡，然后在 "Define" 栏中输入 "STM32F10X_HD, USE_STDPERIPH_ DRIVER"。

注意，两个标识符中间是逗号不是句号。对于中容量需要将 "STM32F10X_HD" 修改为 "STM32F10X_MD"，对于小容量需要修改为 "STM32F10X_LD"，然后单击 "OK" 按钮。

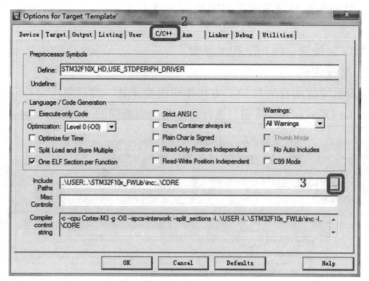

图 1.21 "C/C++" 选项卡

图 1.22 添加头文件路径

（4）使得编译之后能够生成 hex 文件。

选择"Output"选项卡，选择"Debug Information""Create HEX File""Browse Information"3 个选项。其中"Create HEX file"选项用于编译生成 hex 文件，"Browse Information"选项用于查看变量和函数定义。如此设置后，编译成功的 hex 文件出现在"OBJ"目录下面。

（5）添加 ALIENTEK 函数。

ALIENTEK 提供的实验中，每个实验都有一个"SYSTEM"文件夹，下面有 3 个子目录，分别为"sys""usart""delay"，存放了实验过程中的共用代码。将 3 个".c"文件引入工程，以方便后面的实验建立工程。

找到实验光盘，打开任何一个标准外设库的实验，将"SYSTEM"文件夹复制到所建的工程中。然后按照步骤四所述方法在工程中新建一个分组，命名为"SYSTEM"，然后将

"sys. c""delay. c""usart. c"文件加入工程。单击"OK"按钮，可见在工程中多了"SYSTEM"分组，下面有 3 个".c"文件，如图 1.23 所示。

至此，完成了工程模板的建立。

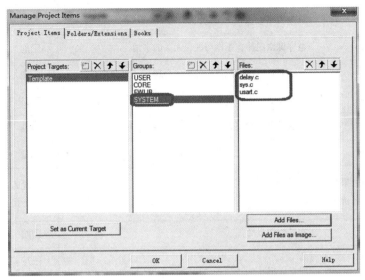

图 1.23　添加文件到"SYSTEM"分组

任 务 评 分 表

任务 4 的任务评分表见表 1.4。

表 1.4　任务 4 的任务评分表

班级		姓名		学号		小组	
学习任务名称							
自 我 评 价	1	遵循 6S 管理				□符合	□不符合
	2	不迟到、不早退				□符合	□不符合
	3	能独立完成工作页的填写				□符合	□不符合
	4	具有自我信息检索能力				□符合	□不符合
	5	小组成员分工合理				□符合	□不符合
	6	能制定合理的任务实施计划				□符合	□不符合
	7	能正确使用工具及设备				□符合	□不符合
	8	自觉遵守安全用电规划				□符合	□不符合
	学习效果自我评价等级： 评价人签名：					□优秀　□良好 □合格　□不合格	

班级		姓名		学号		小组	
学习任务名称							
小组评价	1	具有安全意识和环保意识				□能	□不能
	2	遵守课堂纪律，不做与课程无关的事情				□能	□不能
	3	清晰表达自己的观点，且正确合理				□能	□不能
	4	积极完成所承担的工作任务				□是	□否
	5	任务是否按时完成				□是	□否
	6	自觉维护教学仪器设备的完好性				□是	□否
	学习效果小组评价等级： 小组评价人签名：					□优秀 □良好 □合格 □不合格	
教师评价	1	能进行学习准备				□能	□不能
	2	课堂表现				□优秀 □良好 □合格 □不合格	
	3	任务实施计划合理				□是	□否
	4	建立工程				□是	□否
	5	添加启动代码，以及".c"文件等				□优秀 □良好 □合格 □不合格	
	6	将文件添加到工程中					
	7	配置工程情况				□优秀 □良好 □合格 □不合格	
	8	展示汇报				□优秀 □良好 □合格 □不合格	
	9	6S 管理				□符合	□不符合
	教师评价等级： 评语： 　　　　　　　　　　指导教师：					□优秀 □良好 □合格 □不合格	
学生综合成绩评定：						□优秀 □良好 □合格 □不合格	

任务 5　程序下载与调试

1.5.1　任务分析

1. 任务描述

完成对工程的软件仿真，并将程序下载到开发板上运行。本任务主要学习以下内容：
①STM32 的串口程序下载；②STM32 在 MDK 下的软件仿真；③利用 JLINK 仿真器对 STM32
进行下载和在线调试。

2. 任务目标

（1）掌握 Keil 软件的程序下载方法；

（2）掌握 Keil 软件仿真方法；

（3）掌握 Keil 软件的程序调试方法。

1.5.2　任务实施

1. STM32 软件仿真

MDK 的一个强大的功能就是提供软件仿真，通过软件仿真，可以方便地检查程序中存
在的问题，在 MDK 的仿真中，通过观察寄存器可以知道代码是否有效，避免下载到 STM32
里面的程序错误，导致频繁刷机。通过软件仿真排除故障可以延长 STM32 的 FLASH 寿命
（STM32 的 FLASH 寿命≥10 000 次）。

在任务 4 中创立了一个工程模板，本任务则在 MDK5 的软件环境下仿真这个工程，以
验证代码的正确性。

步骤一： 工程模板中"main. c"代码修如下。

```
#include"delay.h"
#include"usart.h"
int main(void)
{
    u8 t =0;
    delay_init();
    NVIC_PriorityGroupConfig(NVIC_PriorityGroup_2);
    uart_init(115200);
    while(1)
    {
        printf("t:%d\n",t);delay_ms(500);t ++;
    }
}
```

步骤二：工程配置。

主要检查芯片型号和晶振频率，其他为默认。在 IDE 里面单击 图标，选择 "Target" 选项卡，如图 1.24 所示。确认芯片以及外部晶振频率（8.0 MHz），即确定 MDK5.14 软件仿真的硬件环境。

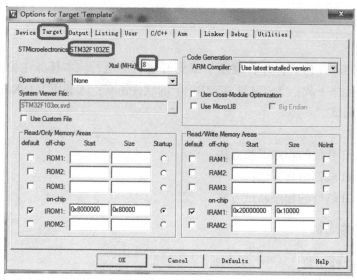

图 1.24 "Target" 选项卡

单击 "Debug" 选项卡，选择 "Use Simulator" 选项，即使用软件仿真。勾选 "Run to main ()" 复选框，即跳过汇编代码，直接跳转到 main() 函数开始仿真。设置下方的 "Dialog DLL" 分别为 "DARMSTM. DLL" 和 "TARMSTM. DLL"，"Parameter" 均为 " - pSTM32F103ZE"，用于设置支持 STM32F103ZE 的软、硬件仿真（即可以通过 Peripherals 选择对应外设的对话框观察仿真结果），如图 1.25 所示。最后单击 "OK" 按钮完成设置。

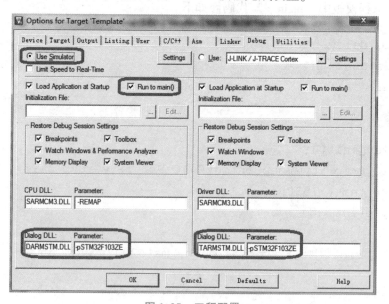

图 1.25 工程配置

步骤三：仿真。

（1）单击 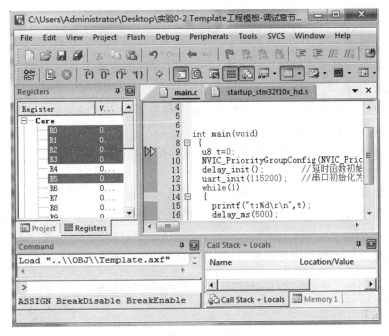 按钮（开始/停止仿真按钮），开始仿真（注意，仿真之前先编译工程），如图 1.26 所示。

图 1.26 开始仿真

出现"Debug"工具条，该工具条部分按钮的功能如图 1.27 所示。

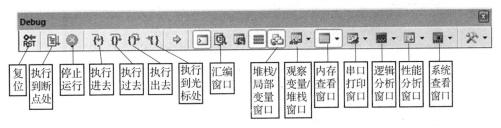

图 1.27 "Debug"工具条按钮的功能

复位：其功能等同于硬件上的复位按钮。相当于实现了一次硬复位。单击该按钮之后，代码会重新从头开始执行。

执行到断点处：当在需要查看的地方设置了断点时，该按钮用来快速执行到断点处。

挂起：此按钮在程序一直执行的时候会变为有效，通过单击该按钮，可以使程序停止，进入单步调试状态。

执行进去：该按钮用来实现执行到某个函数里面去的功能，在没有函数的情况下，该按钮等同于"执行过去"按钮。

执行过去：在有函数的地方，通过单击该按钮可以单步执行过这个函数，而不进入这个函数单步执行。

执行出去：若进入了函数单步调试，有时可能不必再执行该函数的剩余部分，通过单击该按钮可以直接一步执行完函数余下的部分，并跳出函数，回到函数被调用的位置。

执行到光标处：通过单击该按钮可以迅速地使程序运行到光标处，类似于"执行到断点处"按钮的功能。二者的区别是，断点可以有多个，但是光标所在处只有一个。

汇编窗口：通过单击该按钮，可以查看汇编代码。

观察变量/堆栈窗口：单击该按钮，会弹出一个显示变量的窗口，可以查看各种变量值，是常用的调试窗口。

串口打印窗口：单击该按钮，会弹出一个类似串口调试助手界面的窗口，用来显示从串口打印出来的内容。

内存查看窗口：单击该按钮，会弹出一个内存查看窗口，输入要查看的内存地址后，可以观察这一片内存的变化情况。

性能分析窗口：单击该按钮，会弹出一个观看各个函数执行时间和所占百分比的窗口，用来分析函数的性能。

逻辑分析窗口：单击该按钮，会弹出一个逻辑分析窗口，通过单击"SETUP"按钮可以新建一些 I/O 端口，可以观察这些 I/O 端口的电平变化情况，以多种形式显示出来，比较直观。

（2）在仿真界面中调出内存查看窗口、串口打印窗口（图 1.28）。

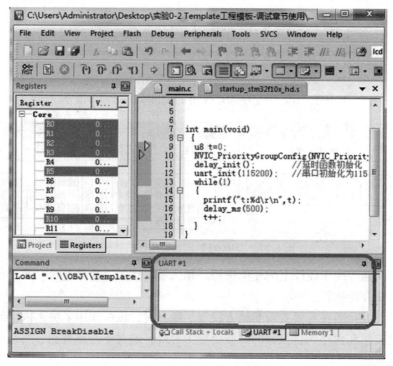

图 1.28　调出串口打印窗口

把光标放到"main.c"第 12 行的空白处，然后双击鼠标左键，则在第 12 行的左边出现一个红框，即表示设置了一个断点（也可以通过鼠标右键菜单设置断点），再次双击鼠标左键则取消断点。

（3）单击▣按钮，执行到该断点处，如图 1.29 所示。

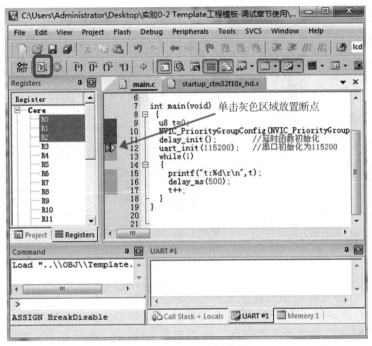

图 1.29 执行到断点处

（4）选择菜单栏的"Peripherals" -> "USARTs" -> "USART 1"选项，可以查看外设情况，例如串口 1 的情况，如图 1.30 所示。

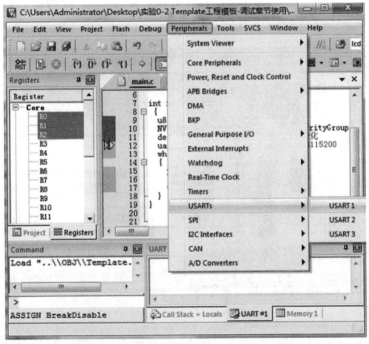

图 1.30 查看串口 1 的相关寄存器

选择"USART 1"选项后在 IDE 之外出现图 1.31 所示的界面。

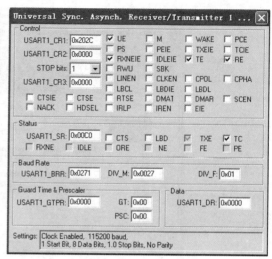

（a）　　　　　　　　　　　　　　　　（b）

图 1.31　串口 1 各寄存器初始化前、后对比

图 1.31（a）所示是 STM32 的串口 1 的默认设置状态，从中可以看到所有与串口相关的寄存器，及当前串口的波特率等信息。接着单击 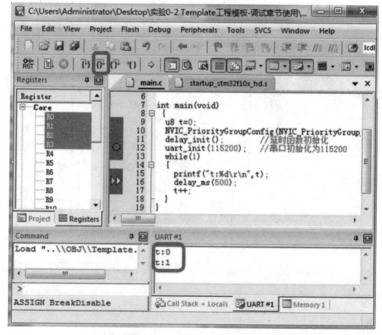 按钮，执行完串口初始化函数，得到图 1.31（b）所示的串口信息。对比图 1.31（a）和图 1.31（b），可以了解在 uart_init（115200）这个函数里面执行了哪些操作。通过图 1.31（b），查看串口 1 的各个寄存器设置状态，从而判断编写的代码是否有问题，只有设置正确之后，才有可能在硬件上正确执行。

（5）继续单击 按钮，一步步执行，最后看到串口 1（USART#1）打印出的相关信息，如图 1.32 所示。

图 1.32　串口 1 输出信息

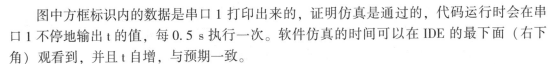

图中方框标识内的数据是串口 1 打印出来的，证明仿真是通过的，代码运行时会在串口 1 不停地输出 t 的值，每 0.5 s 执行一次。软件仿真的时间可以在 IDE 的最下面（右下角）观看到，并且 t 自增，与预期一致。

(6) 再次按下 ⑨ 按钮结束仿真。

2. STM32 串口程序下载

STM32 的程序下载有多种方法，如 USB、串口、JTAG、SWD 等。这里介绍如何利用串口下载 STM32 程序。

STM32 串口一般通过串口 1 下载，对于实验平台战舰 V3 开发板，通过自带的 USB 串口下载，实际上是通过 USB 转成串口，然后下载。下面介绍如何在实验平台上利用 USB 串口下载程序。

步骤一：安装 USB 转串口的驱动程序 CH340G。

步骤二：在开发板上把 RXD 和 PA9（STM32 的 TXD）、TXD 和 PA10（STM32 的 RXD）通过跳线帽连接起来，即把 CH340G 和 STM32 的串口 1 连接起来。由于开发板自带一键下载电路，所以不需要关心 BOOT0 和 BOOT1 的状态，但是为了在下载完成后可以按复位执行程序，建议把 BOOT1 和 BOOT0 都设置为 0。开发板串口下载跳线设置如图 1.33 所示。

图 1.33 开发板串口下载跳线设置

步骤三：STM32 串口程序下载的标准方法如下。

(1) 把 B0 接 V3.3（保持 B1 接 GND）。

(2) 按复位键。

通过以上两个步骤，即可以通过串口下载程序，如果没有设置从 0X08000000 开始运行，则程序不会立即运行，此时，需要把 B0 接回 GND，然后再按一次复位键，才会开始运行刚刚下载的程序。整个过程需要跳动 2 次跳线帽，按 2 次复位键，比较烦琐。

一键下载电路则利用串口的 DTR 和 RTS 信号，分别控制 STM32 的复位和 B0，配合上位机软件（flymcu），设置 DTR 的低电平复位，RTS 高电平进 BootLoader，这样 B0 和 STM32 的复位完全可以由下载软件自动控制，从而实现一键下载。

步骤四：flymcu 设置。

串口下载软件选择的是 flymcu，由 ALIENTEK 公司提供部分赞助，该软件可以在 www.mcuisp.com 免费下载，启动界面如图 1.34 所示。

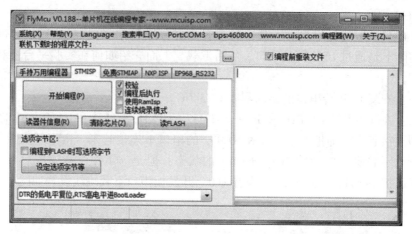

图 1.34　flymcu 启动界面

选择要下载的 hex 文件，以前面建立的工程为例，对其进行编译生成 hex 文件，只需要找到这个 hex 文件下载即可。用 flymcu 软件打开 "OBJ" 文件夹，找到 "Template.hex" 文件，打开并进行相应设置后，界面如图 1.35 所示。

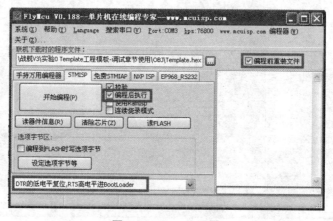

图 1.35　flymcu 设置

建议勾选 "编程后执行" 复选框。勾选该复选框后，可以在下载完程序之后自动运行程序，否则需要按复位键，才能开始运行刚刚下载的程序。

勾选 "编程前重装文件" 复选框，flymcu 会在每次编程之前将 hex 文件重新装载一遍。特别提醒：不要选择使用 RamIsp，否则可能无法正常下载。

最后，选择 "DTR 的低电平复位，RTS 高电平进 BootLoader" 选项，flymcu 会通过 DTR 和 RTS 信号控制板载的一键下载电路，以实现一键下载功能。

在装载了 hex 文件之后，要下载程序还需要选择相应的串口，可以利用 flymcu 的智能串口搜索功能。每次打开 flymcu 软件，该软件都会自动搜索当前计算机上可用的串口，然后选中一个作为默认的串口。也可以通过选择菜单栏上的"搜索串口"命令，自动搜索当前可用串口。串口波特率则可以通过"bps"选项设置，对于 STM32 该波特率最大为460 800，然后找到 CH340 虚拟串口（图 1.36），此串口为 USB 被识别成的串口。

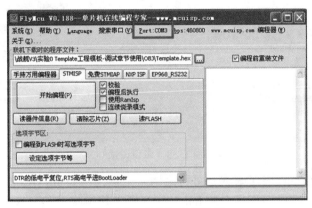

图 1.36　CH340 虚拟串口

步骤五：串口下载。

单击"开始编程（P）"按钮，一键下载代码到 STM32 上，下载成功后如图 1.37 所示。

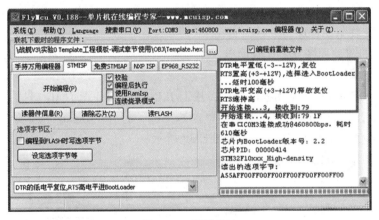

图 1.37　下载成功

从图 1.37 中可以了解到 flymcu 对一键下载电路的控制过程，即控制 DTR 和 RTS 电平的变化，控制 BOOT0 和 RESET，从而实现自动下载。

另外，下载成功后，会有"共写入 xxxx KB，耗时 xxxx 毫秒"的提示，并且从0X80000000 处开始运行，打开串口调试助手选择 COM3，设置波特率为 115 200，会发现从战舰 V3 开发板发回的信息，如图 1.38 所示。

接收到的数据和仿真结果是一样的，证明程序没有问题。至此，说明下载程序成功，并且也从硬件上验证了程序的正确性。

3. JTAG/SWD 程序下载和调试

如果代码工程比较大，难免存在一些 bug，这时，需要通过硬件调试解决问题。串口只

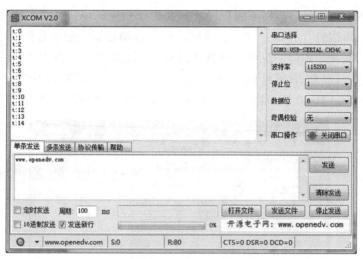

图 1.38　串口调试

能下载程序，并不能实时跟踪调试，而利用调试工具，例如 JLINK、ULINK、STLINK 等可
以实时跟踪程序，从而找到程序中的 bug，使开发工作事半功倍。这里以 JLINK V8 为例，
介绍如何在线调试 STM32。

JLINK V8 支持 JTAG 和 SWD，同时 STM32 也支持 JTAG 和 SWD，所以，有两种调试方
式。JTAG 调试的时候，占用的 I/O 线比较多，而 SWD 调试的时候占用的 I/O 线很少，只
需要两根即可。

步骤一：安装驱动程序。

JLINK V8 的驱动程序安装比较简单。

步骤二：下载配置。

在安装了 JLINK V8 的驱动程序之后，接上 JLINK V8，并把 JTAG 口插到 ALIENTEK 战
舰 V3 开发板上，打开之前新建的工程，单击图标，打开"Debug"选项卡，选择仿真工
具为"J - LINK/J - TRACE Cortex"，如图 1.39 所示。

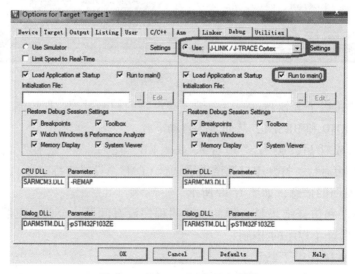

图 1.39　"Debug"选项卡设置

勾选"Run to main( )"复选框,勾选该复选框后,只要仿真就会直接运行到 main( ) 函数,如果不勾选该复选框,则会先执行"startup_stm32f10x_hd. s"文件的 Reset_Handler,再跳到 main( ) 函数。

然后单击"Settings"按钮(注意,如果 JLINK 固件比较老,此时可能会提示升级固件,单击"确认"按钮升级即可),设置 JLINK 的参数。

JTAG 需要占用比 SW 模式多得多的 I/O 端口,而在战舰 V3 开发板上这些 I/O 端口可能被其他外设用到,从而造成部分外设无法使用。所以,调试的时候,一定要选择 SW 模式。可以单击"Auto Clk"按钮自动配置 Max Clock,图 1.40 中设置 SWD 的调试速度为10 MHz。单击"确定"按钮,完成此部分设置。

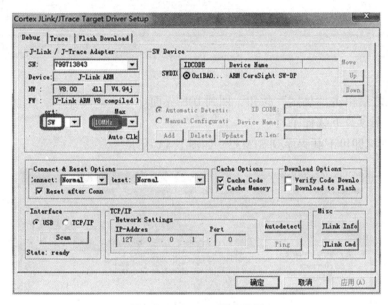

图 1.40 JLINK 模式设置

接下来在"Utilities"选项卡中设置下载时的目标编程器。

勾选"Use Debug Driver"复选框,即和调试一样,选择 JLINK 给目标器件的 FLASH 编程,然后单击"Settings"按钮,进行 FLASH 算法设置,如图 1.41 所示。

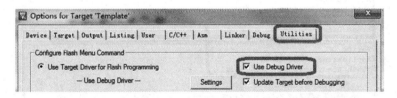

图 1.41 FLASH 编程器选择

MDK 会根据新建工程时选择的目标器件,自动设置 FLASH 算法。如果选择的是STM32F103ZET6,FLASH 容量为 512 KB,所以"Programming Algorithm"区域默认会有512 KB 的 STM32F10x High – density FLASH 算法。另外,如果没有 FLASH 算法,单击"Add"按钮,在弹出的窗口中自行添加即可。最后,勾选"Reset and Run"复选框,以实现在编程后自动运行,其他设置默认即可,如图 1.42 所示。

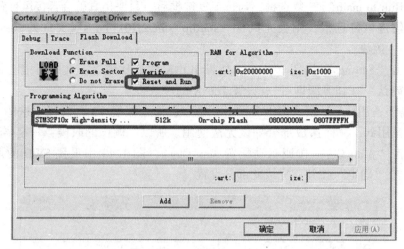

图 1.42　编程设置

在设置完之后单击"确定"按钮，回到 IDE 界面。

步骤三：编译及下载程序。

单击 ![图标] 图标即可下载程序到 STM32，如图 1.43 所示。

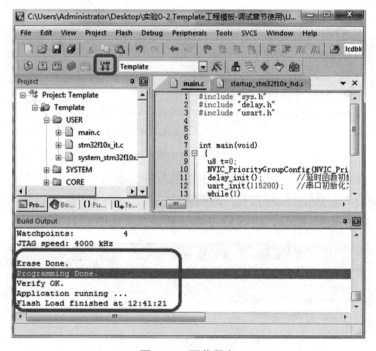

图 1.43　下载程序

任务评分表

任务 5 的任务评分表见表 1.5。

表 1.5　任务 5 的任务评分表

班级		姓名	学号		小组	
学习任务名称						
自我评价	1	遵循 6S 管理			□符合	□不符合
	2	不迟到、不早退			□符合	□不符合
	3	能独立完成工作页的填写			□符合	□不符合
	4	具有独立信息检索能力			□符合	□不符合
	5	小组成员分工合理			□符合	□不符合
	6	能制定合理的任务实施计划			□符合	□不符合
	7	能正确使用工具及设备			□符合	□不符合
	8	自觉遵守安全用电规划			□符合	□不符合
	学习效果自我评价等级： 评价人签名：				□优秀　□良好 □合格　□不合格	
小组评价	1	具有安全意识和环保意识			□能	□不能
	2	遵守课堂纪律，不做与课程无关的事情			□能	□不能
	3	清晰表达自己的观点，且正确合理			□能	□不能
	4	积极完成所承担的工作任务			□是	□否
	5	任务是否按时完成			□是	□否
	6	自觉维护教学仪器设备的完好性			□是	□否
	学习效果小组评价等级： 小组评价人签名：				□优秀　□良好 □合格　□不合格	
教师评价	1	能进行学习准备			□能	□不能
	2	课堂表现			□优秀　□良好 □合格　□不合格	
	3	任务实施计划合理			□是	□否
	4	硬件连接			□是	□否
	5	配置工程			□优秀　□良好 □合格　□不合格	
	6	编译下载			□优秀　□良好 □合格　□不合格	
	7	展示汇报			□优秀　□良好 □合格　□不合格	
	8	6S 管理			□符合	□不符合

班级		姓名		学号		小组	
学习任务名称							
	教师评价等级： 评语： 指导教师：					□优秀　　□良好 □合格　　□不合格		
学生综合成绩评定：						□优秀　　□良好 □合格　　□不合格		

项目二

声音报警系统的设计与实现

项目描述

本项目主要包括STM32的GPIO端口寄存器、使用库函数实现GPIO端口的控制、使用GPIO端口操作蜂鸣器、LED灯、按键等相关知识。通过学习，可以实现跑马灯控制系统的设计、声音报警系统的设计、按键检测系统的设计。

项目目标

- 培养规范意识、标准意识；
- 培养团队意识、安全意识；
- 培养担当精神，质量精神；
- 了解STM32的GPIO端口寄存器；
- 了解使用库函数实现STM32的GPIO端口输入、输出功能的方法；
- 会使用库函数控制GPIO端口的输入、输出功能；
- 会利用STM32的GPIO端口操作蜂鸣器、LED灯、按键；
- 会利用STM32的GPIO端口实现声音报警系统。

任务1　跑马灯控制系统的设计与实现

2.1.1　任务分析

1. 任务描述

利用STM32实现跑马灯控制（即LED0点亮，LED1熄灭，延时1s后LED0熄灭，LED1点亮，再延时1s，LED1熄灭，LED0点亮，依次循环），设计硬件电路，编写控制程序并进行系统调试。

2. 任务目标

（1）培养程序编写的规范意识；

（2）培养担当精神、质量精神；

（3）培养自主探究、勤学好问的态度；

（4）培养精益求精意识；

（5）会分析 LED 的工作原理；

（6）会使用 GPIO 端口的输出功能；

（7）会编写延时函数；

（8）会进行 LED 灯控制系统的设计和调试；

（9）会进行跑马灯控制系统的设计和调试。

2.1.2　任务实施规划

跑马灯控制系统的设计与实现如图 2.1 所示。

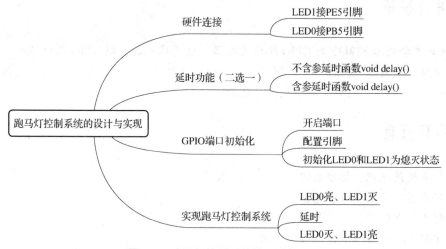

图 2.1　跑马灯控制系统的设计与实现

GPIO 概述

2.1.3　知识链接

1. GPIO 概述

GPIO（General Purpose Input Output）是通用输入/输出的英文简称。GPIO 端口本质上就是一些引脚，可以通过程序的控制使这些引脚输出高电平或者低电平，当然也可以读取这些引脚输入的电平值。

微处理器通过向 GPIO 控制寄存器写入数据可以控制 GPIO 端口的输入/输出模式，实现对某些设备的控制或信号采集的功能。STM32 芯片的 GPIO 引脚与外部设备连接起来，可以实现与外部设备通信、控制信号以及采集数据的功能。

STM32 的 GPIO 引脚通常进行分组管理，每组包含 16 个引脚，比如 STM32F103ZET6 芯片上一共有 112 个 GPIO 引脚，分为 7 组，分别是端口 GPIOA、GPIOB、GPIOC、GPIOD、GPIOE、GPIOF、GPIOG，所有 GPIO 引脚都有基本的输入、输出功能。

最基本的输出功能是由 STM32 控制引脚输出高、低电平，实现开关量控制，本项目就是把 GPIO 引脚连接到 LED 灯，控制 LED 灯的亮灭，实现跑马灯功能。除此之外，STM32还可以用来控制大功率设备的通断或启停，这时 GPIO 引脚连接到继电器或三极管，通过对继电器或三极管的控制实现外部大功率电路的通断。

最基本的输入功能是检测外部输入的电平，如将 GPIO 引脚与按键相连，通过 GPIO 引脚输入到 STM32 中的电平值判断按键是否被按下。

2. GPIO 工作模式

GPIO 支持 4 种输入模式（浮空输入、上拉输入、下拉输入、模拟输入）和 4 种输出模式（开漏输出、开漏复用输出、推挽输出、推挽复用输出）。具体分析入下。

（1）在浮空输入模式下，I/O 端口的电平信号直接进入输入数据寄存器。也就是说，I/O 端口的电平状态是不确定的，完全由外部输入决定。在 I/O 端口浮空（无信号输入）的情况下，读取 I/O 端口的电平是不确定的。

（2）在上拉输入模式下，I/O 端口的电平信号直接进入输入数据寄存器，但是在 I/O 端口浮空（无信号输入）的情况下，输入端的电平可以保持高电平，并且在 I/O 端口输入为低电平的时候，输入端的电平还是低电平。

（3）在下拉输入模式下，I/O 端口的电平信号直接进入输入数据寄存器，但是在 I/O 端口浮空（无信号输入）的情况下，输入端的电平可以保持低电平，并且在 I/O 端口输入为高电平的时候，输入端的电平还是高电平。

（4）在模拟输入模式下，I/O 端口的模拟信号（如电压信号）直接输入到片上外设模块，比如 ADC 模块等。

（5）在开漏输出模式下，I/O 端口只能输出低电平，如果要输出高电平，必须通过上拉电阻实现，输出端相当于三极管的集电极，适合用作电流型的驱动，其吸收电流的能力相对强（一般在 20 mA 以内）。开漏输出模式一般应用在 I2C、SMBus 通信等需要"线与"功能的总线电路中。除此之外，开漏输出模式还用在电平不匹配的场合，如需要输出 5 V 的高电平，就可以在外部接一个上拉电阻，上拉电源为 5 V，并且把 GPIO 设置为开漏模式，当输出高阻态时，由上拉电阻和电源向外输出 5 V 的电平。

（6）开漏复用输出模式与开漏输出模式很相似，只是输出的高、低电平不是来源于 CPU 直接写到输出数据寄存器，而是由片上外设模块的复用功能输出来决定的。

（7）在推挽输出模式下，既可以输出低电平，也可以输出高电平（3.3 V），还可以直接驱动功耗不大的数字器件。在 STM32 的应用中，除了必须使用开漏模式的场合，人们都习惯使用推挽输出模式。

（8）推挽复用输出模式与推挽输出模式很相似，只是输出的高、低电平不是来源于 CPU 直接写到输出数据寄存器，而是由片上外设模块的复用功能输出来决定的。

需要注意：当 I/O 端口被配置为复用输出时，由片内外设提供输出功能，所以当使用某端口的复用功能时，一定要打开片上外设时钟和 AFIO 辅助功能时钟。

I/O 端口的输出模式有 3 种输出速度可选（2 MHz、10 MHz 和 50 MHz），这有利于噪声控制。这个速度是指 I/O 端口驱动电路的响应速度，而不是输出信号的速度，输出信号的速度与程序有关。也就是说，如果芯片内部在 I/O 端口的输出部分安排了多个响应速度不同的输出驱动电路，用户可以根据自己的需要选择合适的驱动电路。通过选择速度来选择不同的输出驱动模块，达到最佳的噪声控制和降低功耗的目的。

3. 微控制器 STM32F103ZET6

STM32F103ZET6 是基于 ARM Cortex – M3 内核的 32 位微控制器，其芯片内部主要资源如下：

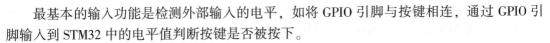

STM32 芯片资源

（1）内核供电电压为 2.0～3.6 V，一般采用 3.3 V 供电。

（2）具有 512 KB 片内 FLASH（相当于硬盘），64 KB 片内 RAM（相当于内存），片内 FLASH 支持在线编程（IAP）。

（3）具有高达 72 MHz 的频率，数据、指令分别走不同的流水线，以确保 CPU 运行速度最大化。

（4）通过片内 BOOT 区，可实现串口下载程序（ISP）。

（5）片内双 RC 晶振，提供 8 MHz 和 32 kHz 的时钟频率。

（6）支持片外高速晶振（8 MHz）和片外低速晶振（32 kHz），其中片外低速晶振可用于 CPU 的实时时钟，带后备电源引脚，用于掉电后的时钟行走。

（7）具有 42 个 16 位的后备寄存器（可以理解为电池保存的 RAM），利用外置的纽扣电池实现掉电数据保存功能。

（8）支持 JTAG、SWD 调试，可以配合廉价的 JLINK 实现高速低成本的开发调试方案。

（9）具有多达 112 个 I/O 端口、2 个基本定时器、4 个通用定时器、2 个高级定时器、2 个 DMA 控制器（共 12 个通道）、3 个 SPI、2 个 IIC、5 个串口、1 个 USB、1 个 CAN、3 个 12 位 ADC、1 个 12 位 DAC、1 个 SDIO 接口、1 个 FSMC 接口（可兼容 SRAM、NOR 和 NANDFlash 接口）。

（10）具有 3 个共 16 通道的 12 位 AD 输入，以及 2 个共 2 通道的 12 位 DA 输出。

点亮 LED 灯

4. GPIO 端口相关寄存器

每个 GPIO 端口有两个 32 位配置寄存器（GPIOx_CRL 和 GPIOx_CRH）、两个 32 位数据寄存器（GPIOx_IDR 和 GPIOx_ODR）、一个 32 位置位/复位寄存器（GPIOx_BSRR）、一个 16 位复位寄存器（GPIOx_BRR）和一个 32 位锁定寄存器（GPIOx_LCKR）。根据数据手册中列出的每个 I/O 端口的特定硬件特征，GPIO 端口的每个位可以由软件分别配置成多种模式。

1）端口配置低寄存器（GPIOx_CRL）（x = A，…，G）

偏移地址：0X00；

复位值：0X4444 4444。

具体见图 2.2 和表 2.1。

31 30	29 28	27 26	25 24	23 22	21 20	19 18	17 16
CNF7[1:0]	MODE7[1:0]	CNF6[1:0]	MODE6[1:0]	CNF5[1:0]	MODE5[1:0]	CNF4[1:0]	MODE4[1:0]
rw rw	rw rw	rw rw	rw rw	rw rw	rw rw	rw rw	rw rw

15 14	13 12	11 10	9 8	7 6	5 4	3 2	1 0
CNF3[1:0]	MODE3[1:0]	CNF2[1:0]	MODE2[1:0]	CNF1[1:0]	MODE1[1:0]	CNF0[1:0]	MODE0[1:0]
rw rw	rw rw	rw rw	rw rw	rw rw	rw rw	rw rw	rw rw

图 2.2 端口配置低寄存器各位描述

2）端口配置高寄存器（GPIOx_CRH）（x = A，…，G）

偏移地址：0X04；

复位值：0X4444 4444。

具体见图 2.3 和表 2.2。

表 2.1 端口配置低寄存器各位描述

位	描述
位 31：30 27：26 23：22 19：18 15：14 11：10 7：6 3：2	CNF*y* [1:0]：端口 x 配置位（*y* = 0，…，7） 软件通过这些位配置相应的 I/O 端口。 在输入模式下（MODE [1:0] = 00）： 00：模拟输入模式 01：浮空输入模式（复位后的状态） 10：上拉/下拉输入模式 11：保留 在输出模式下（MODE [1:0] > 00）： 00：通用推挽输出模式 01：通用开漏输出模式 10：复用功能推挽输出模式 11：复用功能开漏输出模式
位 29：28 25：24 21：20 17：16 13：12 9：8 5：4 1：0	MODE*y* [1:0]：端口 x 的模式位（*y* = 0，…，7） 软件通过这些位配置相应的 I/O 端口。 00：输入模式（复位后的状态） 01：输出模式，大速度 10 MHz 10：输出模式，大速度 2 MHz 11：输出模式，大速度 50 MHz

31 30	29 28	27 26	25 24	23 22	21 20	19 18	17 16
CNF15[1:0]	MODE15[1:0]	CNF14[1:0]	MODE14[1:0]	CNF13[1:0]	MODE13[1:0]	CNF12[1:0]	MODE12[1:0]
rw rw	rw rw	rw rw	rw rw	rw rw	rw rw	rw rw	rw rw

15 14	13 12	11 10	9 8	7 6	5 4	3 2	1 0
CNF11[1:0]	MODE11[1:0]	CNF10[1:0]	MODE10[1:0]	CNF9[1:0]	MODE9[1:0]	CNF8[1:0]	MODE8[1:0]
rw rw	rw rw	rw rw	rw rw	rw rw	rw rw	rw rw	rw rw

图 2.3 端口配置高寄存器各位描述

表 2.2 端口配置高寄存器各位描述

位	描述
位 31：30 27：26 23：22 19：18 15：14 11：10 7：6 3：2	CNF*y* [1:0]：端口 x 配置位（*y* = 8，…，15） 软件通过这些位配置相应的 I/O 端口。 在输入模式下（MODE [1:0] = 00）： 00：模拟输入模式 01：浮空输入模式（复位后的状态） 10：上拉/下拉输入模式 11：保留 在输出模式下（MODE [1:0] > 00）： 00：通用推挽输出模式 01：通用开漏输出模式 10：复用功能推挽输出模式 11：复用功能开漏输出模式

位29：28 25：24 21：20 17：16 13：12 9：8 5：4 1：0	MODE*y*［1:0］：端口 x 的模式位（*y*=8，…，15） 软件通过这些位配置相应的 I/O 端口。 00：输入模式（复位后的状态） 01：输出模式，大速度 10 MHz 10：输出模式，大速度 2 MHz 11：输出模式，大速度 50 MHz

3）端口输入数据寄存器（GPIOx_IDR）（x = A，…，G）

地址偏移：0X08；

复位值：0X0000 XXXX。

具体见图 2.4 和表 2.3。

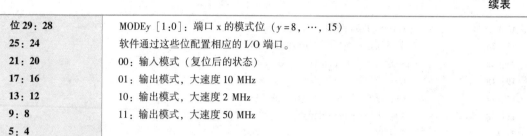

图 2.4　端口输入数据寄存器各位描述

表 2.3　端口输入数据寄存器各位描述

位31：16	保留，始终读为 0
位15：0	IDR*y*［15:0］：端口输入数据位（*y*=0，…，15），这些位为只读，并只能以字（16 位）的形式读出。读出的值为对应 I/O 端口的状态

4）端口输出数据寄存器（GPIOx_ODR）（x = A，…，G）

地址偏移：0X0C；

复位值：0X0000 0000。

具体见图 2.5 和表 2.4。

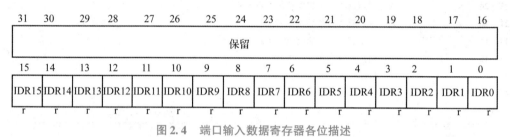

图 2.5　端口输出数据寄存器各位描述

表 2.4　端口输出数据寄存器各位描述

位31：16	保留，始终读为 0

续表

位 15：0	ODRy［15:0］：端口输出数据位（y＝0，…，15） 这些位可读可写并只能以字（16 位）的形式操作。 注：对 GPIOx_BSRR（x＝A，…，E），可以分别对各个 ODR 位进行独立的设置/清除

5）端口位设置/清除寄存器（GPIOx_BSRR）（x＝A，…，G）

地址偏移：0X10；

复位值：0X0000 0000。

具体见图 2.6 和表 2.5。

31	30	29	28	27	26	25	24	23	22	21	20	19	18	17	16
BR15	BR14	BR13	BR12	BR11	BR10	BR9	BR8	BR7	BR6	BR5	BR4	BR3	BR2	BR1	BR0
w	w	w	w	w	w	w	w	w	w	w	w	w	w	w	w
15	14	13	12	11	10	9	8	7	6	5	4	3	2	1	0
BS15	BS14	BS13	BS12	BS11	BS10	BS9	BS8	BS7	BS6	BS5	BS4	BS3	BS2	BS1	BS0
w	w	w	w	w	w	w	w	w	w	w	w	w	w	w	w

图 2.6　端口位设置/清除寄存器各位描述

表 2.5　端口位设置/清除寄存器各位描述

位 31：16	BRy：清除端口 x 的位 y（y＝0，…，15） 这些位只能写入并只能以字（16 位）的形式操作。 0：对对应的 ODRy 位不产生影响 1：清除对应的 ODRy 位为 0 注：如果同时设置了 BSy 和 BRy 的对应位，BSy 位起作用
位 15：0	BSy：设置端口 x 的位 y（y＝0，…，15） 这些位只能写入并只能以字（16 位）的形式操作。 0：对对应的 ODRy 位不产生影响 1：设置对应的 ODRy 位为 1

5. GPIO 相关库函数

1）GPIO 初始化结构体——GPIO_InitTypeDef 类型

在介绍 GPIO 相关库函数之前，先介绍一个非常重要的初始化结构体——
GPIO_InitTypeDef 类型。该结构体定义在"stm32f10x_gpio. h"头文件中，是
库文件利用关键字 typedef 定义了一个新的结构体类型，具体代码如下：

GPIO 相关
库函数

```
typedef struct
{
    uint16_t  GPIO_Pin;        /*指定将要进行配置的 GPIO 引脚*/
    GPIOSpeed_TypeDef  GPIO_Speed;/*指定 GPIO 引脚的输出速度*/
    GPIOMode_TypeDef  GPIO_Mode;  /*指定 GPIO 引脚将要配置成的工作模
式*/
}GPIO_InitTypeDef;
```

GPIO_InitTypeDef 类型的结构体有 3 个成员变量：GPIO_Pin、GPIO_Speed、GPIO_Mode。

变量 1：GPIO_Pin 用于选择待设置的 GPIO 引脚，使用操作符"|"可以一次选中多个引脚。其值见表 2.6。

表 2.6 GPIO_Pin 描述

GPIO_Pin	描述	GPIO_Pin	描述
GPIO_Pin_None	无引脚被选中	GPIO_Pin_8	选中引脚 8
GPIO_Pin_0	选中引脚 0	GPIO_Pin_9	选中引脚 9
GPIO_Pin_1	选中引脚 1	GPIO_Pin_10	选中引脚 10
GPIO_Pin_2	选中引脚 2	GPIO_Pin_11	选中引脚 11
GPIO_Pin_3	选中引脚 3	GPIO_Pin_12	选中引脚 12
GPIO_Pin_4	选中引脚 4	GPIO_Pin_13	选中引脚 13
GPIO_Pin_5	选中引脚 5	GPIO_Pin_14	选中引脚 14
GPIO_Pin_6	选中引脚 6	GPIO_Pin_15	选中引脚 15
GPIO_Pin_7	选中引脚 7	GPIO_Pin_All	选中全部引脚

变量 2：GPIO_Speed 用于设置选中引脚的最大输出速度，见表 2.7。这个速度是指 I/O 端口驱动电路的响应速度，I/O 引脚内部有多个响应不同的驱动电路，用户可以根据自己的需要选择合适的驱动电路，通过选择速度来选择不同的输出驱动模块，达到控制噪声和降低功耗的目的。例如：对于 USART 串口，若最大波特率只需 115 200 bit/s，那用 2 MHz 的速度就够了，既省电且噪声小。对于 I2C 接口，若使用波特率 400 kbit/s，若想把余量留大些，可以选用 10 MHz 的 GPIO 引脚速度。

表 2.7 GPIO_Speed 描述

GPIO_Speed	描述
GPIO_Speed_10 MHz	最高输出速率 10 MHz
GPIO_Speed_2 MHz	最高输出速率 2 MHz
GPIO_Speed_50 MHz	最高输出速率 50 MHz

变量 3：GPIO_Mode 用于设置选中引脚的工作模式，见表 2.8。

表 2.8 GPIO_Mode 描述

GPIO_Mode	描述	GPIO_Mode	描述
GPIO_Mode_AIN	模拟输入	GPIO_Modc_Out_OD	开漏输出
GPIO_Mode_IN_FLOATING	浮空输入	GPIO_Mode_Out_PP	推挽输出
GPIO_Mode_IPD	下拉输入	GPIO_Mode_AF_OD	复用开漏输出
GPIO_Mode_IPU	上拉输入	GPIO_Mode_AF_PP	复用推挽输出

在 GPIO_Init( )函数的内部，把输入的这些参数按照一定的规则转化，进而写入寄存器，实现配置 GPIO 端口的功能。

注：typedef 用于为现有类型创建一个新的名字，或称为类型别名，用来简化变量的定义。typedef 在 MDK 中用得最多的就是定义结构体的类型别名和枚举类型。例如：

```
typedef struct
{
    ____ IO uint32_t CRL;
    ____ IO uint32_t CRH;
    ...
}GPIO_TypeDef;
```

在以上代码中，typedef 为结构体定义一个别名 GPIO_TypeDef，这样就可以通过 GPIO_TypeDef 来定义结构体变量。

例如：GPIO_TypeDef_GPIOA，GPIO_TypeDef_GPIOB；

这样 GPIO_TypeDef 就与 struct_GPIO 有等同的作用。

2）函数 RCC_APB2PeriphClockCmd( )

要想使用 STM32 的外设，必须开启相应的外设时钟，在开启外设时钟之前，首先要配置系统时钟 SYSCLK。标准外设库在启动文件中调用 SystemInit( )将系统时钟 SYSCLK 设置为 72 MHz，而将 APB1 总线的时钟 PCLK1 设置为 36 MHz，将 APB2 总线的时钟 PCLK2 设置为 72 MHz。GPIO 所用的时钟是 PCLK2，因此在使用 GPIO 时必须开启 APB2 总线的时钟。

函数原型：void RCC_APB2PeriphClockCmd(u32 RCC_APB2Periph,
FunctionalState NewState);

功能：开启 APB2 总线上相应外设的时钟；

参数 1：将要控制的挂载到 APB2 总线上的外设时钟，可以取一个或者多个取值的组合作为该参数的值；

参数 2：其值可以取 ENABLE 或者 DISABLE，表示要开启还是关闭该时钟。

举例说明，若要使能 GPIOB 和 SPI1 时钟，可以进行如下操作：

```
RCC_APB2PeriphClockCmd(RCC_APB2Periph_GPIOB|RCC_APB2Periph_SPI1,ENABLE);
```

3）函数 GPIO_Init( )

函数的原型：void GPIO_Init(GPIO_TypeDef*GPIOx,
GPIO_InitTypeDef*GPIO_InitStruct);

功能：GPIO 的初始化函数，对指定的 I/O 端口进行初始化。

参数 1：GPIOx，要初始化的 I/O 端口的宏名，即 GPIOA－GPIOG；

参数 2：GPIO_InitStruct 是 GPIO 的初始化相关结构体，该结构体里的成员值决定了具体的初始化参数。

例如，将 PB5 引脚初始化为输出引脚，代码如下：

```
GPIO_InitTypeDef GPIO_InitStructure;
GPIO_InitStructure.GPIO_Pin = GPIO_Pin_5;
GPIO_InitStructure.GPIO_Mode = GPIO_Mode_Out_PP;   //推挽输出模式
GPIO_InitStructure.GPIO_Speed = GPIO_Speed_50MHz;
GPIO_Init(GPIOB,&GPIO_InitStructure);
```

从以上代码中可以看出，先定义了一个 GPIO_InitTypeDef 的结构体变量 GPIO_InitStructure，然后对该变量中的 3 个成员分别赋值，最后调用函数 GPIO_Init() 以配置好的参数完成端口 B 的初始化，即把 PB5 引脚配置为推挽输出模式，且输出的最大速度是 50 MHz。

4）函数 GPIO_Write()

函数的原型：void GPIO_Write(GPIO_TypeDef * GPIOx,u16 PortVal);

功能：将数据写入指定的 GPIO 端口；

参数 1：用于指定要操作的 GPIO 端口，其值为 GPIOA – GPIOG；

参数 2：用于指定要写入端口输出数据寄存器（ODR 寄存器）的值，也就是将参数 2 的值写入参数 1 的输出数据寄存器中。

例如：

```
GPIO_Write(GPIOF,0xffb7);   //端口 F 的 16 个引脚的输出为 0xffb7
```

5）函数 GPIO_WriteBit()

函数原型：void GPIO_WriteBit(GPIO_TypeDef * GPIOx,
                            uint16_t GPIO_Pin,BitAction BitVal);

功能：设置或清除指定端口中某一个位的引脚状态，即输出 1 或 0；

参数 1：用于指定要操作的 GPIO 端口，其值为 GPIOA – GPIOG；

参数 2：用于指定具体是端口中的哪一个引脚；

参数 3：指定该引脚输出的数据（0 或 1）。

例如：

```
GPIO_WriteBit(GPIOF,GPIO_Pin_5,1);   //PF5 引脚输出 1
GPIO_WriteBit(GPIOF,GPIO_Pin_5,0);   //PF5 引脚输出 0
```

6）函数 GPIO_SetBits()

函数原型：void GPIO_SetBits(GPIO_TypeDef * GPIOx,
                           uint16_t GPIO_Pin);

功能：设置 GPIO 端口的引脚状态为高电平，即指定的引脚输出 1。若要设置多个引脚可以使用操作符"｜"；

参数 1：用于指定要操作的 GPIO 端口，其值为 GPIOA – GPIOG；

参数 2：用于指定具体是端口中的哪一个引脚。

例如：

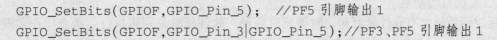

```
GPIO_SetBits(GPIOF,GPIO_Pin_5);  //PF5 引脚输出 1
GPIO_SetBits(GPIOF,GPIO_Pin_3|GPIO_Pin_5);//PF3、PF5 引脚输出 1
```

7）函数 GPIO_ResetBits( )

函数原型：void GPIO_ResetBits(GPIO_TypeDef * GPIOx,
　　　　　　　　　　　　　　　uint16_t GPIO_Pin);

功能：设置 GPIO 端口的引脚状态为低电平，即指定的引脚输出 0，若要设置多个引脚可以使用操作符"|"；

参数 1：用于指定要操作的 GPIO 端口，其值为 GPIOA – GPIOG；

参数 2：用于指定具体是端口中的哪一个引脚。

例如：

```
GPIO_ResetBits(GPIOF,GPIO_Pin_5);  //PF5 引脚输出 0
GPIO_ResetBits(GPIOF,GPIO_Pin_3|GPIO_Pin_5);  //PF3、PF5 引脚输出 0
```

注意：函数 GPIO_WriteBit( )是对一个 I/O 引脚进行写操作，可以是写 0 或者写 1；函数 GPIO_SetBits( )可以对多个 I/O 引脚同时置位 1，函数 GPIO_ResetBits( )可以对多个 I/O 引脚同时清零。

2.1.4　任务实施

1. 硬件连接

STM32 硬件原理图如图 2.7 所示。

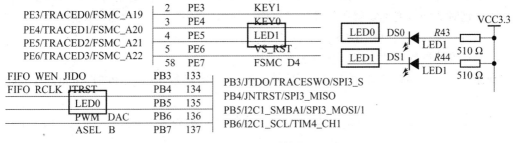

图 2.7　STM32 硬件原理图

由原理图分析 LED0 和 LED1 与 STM32 的引脚连接关系，以及 LED0 和 LED1 的硬件连接情况。

2. 实现延时功能

延时函数通常有软件延时和定时器延时两种。软件延时是利用执行空指令操作实现延时，即通过 for 语句循环或嵌套实现。软件延时通常有两种形式：不含参延时函数和含参延时函数。

1）不含参延时函数：delay( )

2）含参延时函数：delay( )

直接调用这两个函数中的某一个即可实现软件延时功能，但是延时时间只能估算，在需要精确延时的场合就不能够用软件延时，而必须由定时器实现，后面将详细介绍。

3. 完成 GPIO 端口的初始化

调用标准外设库函数实现，步骤如下。

步骤一：开启端口 B 和端口 E 的时钟，通过操作函数 RCC_APB2PeriphClockCmd( ) 实现。

步骤二：配置 PB5 和 PE5 引脚为推挽输出模式，通过操作初始化函数 GPIO_Init( ) 实现。

步骤三：同时使 LED0 和 LED1 两个灯处于熄灭状态，通过操作函数 GPIO_SetBits( ) 和实现。

请写出实现代码：

4. 实现跑马灯功能

控制 LED 灯点亮、熄灭的信号时序图如图 2.8 所示。时序图反映的是高、低电压信号与时间的关系。时间从左到右增长，高、低电压信号随着时间在低电平和高电平之间变化。

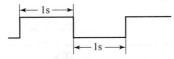

图 2.8　控制 LED 灯点亮、熄灭的信号时序图

由原理图可知，PB5 和 PE5 引脚输出 0，可以使 LED0 和 LED1 点亮；PB5 和 PE5 引脚输出 1，可以使 LED0 和 LED1 熄灭。通过操作函数 GPIO_SetBits( ) 和 GPIO_ResetBits( ) 可以控制 PB5、PE5 引脚输出 0 或 1。

请在主函数"main.c"中写出实现代码：

5. 仿真与下载

先用软件仿真，看结果是否正确，根据软件仿真的结果，将程序下载到战舰 V3 开发板上运行。请写下仿真流程及仿真结果。

仿真信号图：

开发板上的运行结果：

任务评分表

任务 1 的任务评分表见表2.9。

表 2.9 任务 1 的任务评分表

班级			姓名		学号		小组	
学习任务名称								
自我评价	1		遵循 6S 管理				□符合	□不符合
	2		不迟到、不早退				□符合	□不符合
	3		能独立完成工作页的填写				□符合	□不符合
	4		具有独立信息检索能力				□符合	□不符合
	5		小组成员分工合理				□符合	□不符合
	6		能制定合理的任务实施计划				□符合	□不符合
	7		能正确使用工具及设备				□符合	□不符合
	8		自觉遵守安全用电规划				□符合	□不符合
	学习效果自我评价等级： 评价人签名：						□优秀 □良好 □合格 □不合格	
小组评价	1		具有安全意识和环保意识				□能	□不能
	2		遵守课堂纪律，不做与课程无关的事情				□能	□不能
	3		清晰表达自己的观点，且正确合理				□能	□不能
	4		积极完成所承担的工作任务				□是	□否
	5		任务是否按时完成				□是	□否
	6		自觉维护教学仪器设备的完好性				□是	□否
	学习效果小组评价等级： 小组评价人签名：						□优秀 □良好 □合格 □不合格	
教师评价	1		能进行学习准备				□能	□不能
	2		课堂表现				□优秀 □良好 □合格 □不合格	
	3		任务实施计划合理				□是	□否
	4		硬件连接				□是	□否
	5		延时功能				□优秀 □良好 □合格 □不合格	

续表

班级		姓名		学号		小组	
学习任务名称							
教师评价	6	GPIO 端口初始化				□优秀 □良好 □合格 □不合格	
	7	主函数实现				□优秀 □良好 □合格 □不合格	
	8	编译下载				□优秀 □良好 □合格 □不合格	
	9	展示汇报				□优秀 □良好 □合格 □不合格	
	10	6S 管理				□符合 □不符合	
	教师评价等级： 评语： 指导教师：					□优秀 □良好 □合格 □不合格	
学生综合成绩评定：						□优秀 □良好 □合格 □不合格	

任务回顾

（1）GPIO 是_____的简称。

（2）GPIO 支持 4 种输入模式，分别是_____、_____、_____、_____；4 种输出模式，分别是_____、_____、_____、_____。

（3）在上拉输入模式下，在 I/O 端口浮空（即无信号输入）的情况下，输入端的电平可以保持在_____电平。

（4）STM32F103ZET6 是基于 ARM Cortex – M3 内核的_____位微控制器

（5）"GPIO_SetBits（GPIOF，GPIO_Pin_5）"语句的功能是_____。

任务拓展

（1）若要 LED0 先点亮，LED1 熄灭，延时后 LED0 熄灭，LED1 点亮，再延时后，LED0 和 LED1 同时点亮，再延时后，LED0 和 LED1 同时熄灭，应如何实现？

（2）机器人控制伺服电动机。

机器人控制伺服电动机转速的脉冲信号如图 2.9 ~ 图 2.11 所示。当高电平持续时间是

1.5 ms，低电平持续时间是 20 ms 时，经过零点标定后的电动机不会旋转（如果此时电动机旋转，说明其需要标定）；高电平持续时间为 1.3 ms 时，电动机顺时针全速旋转，高电平持续时间为 1.7 ms 时，电动机逆时针全速旋转。试通过 PD 端口的第 10 引脚（即 PD10）发出控制电动机的信号。

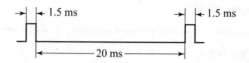

图 2.9　电动机转速为 0 时的控制信号时序图

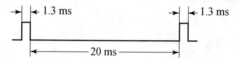

图 2.10　1.3 ms 的控制脉冲序列使电动机顺时针全速旋转

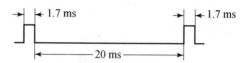

图 2.11　1.7 ms 的控制脉冲序列使电动机逆时针全速旋转

任务 2　声音报警系统的设计与实现

2.2.1　任务分析

1. 任务描述

利用 STM32 控制蜂鸣器实现声音报警功能（蜂鸣器发出声响，延时后，蜂鸣器不响，依次循环），设计硬件电路，编写控制程序并进行系统调试。

2. 任务目标

（1）培养安全意识；

（2）培养担当精神；

（3）操作规范，符合 6S 管理要求；

（4）具备自主探究、勤学好问的态度；

（5）会分析蜂鸣器的工作原理；

（6）会用程序改变蜂鸣器的工作频率；

（7）会蜂鸣器控制系统的设计和调试。

2.2.2　任务实施规划

声音报警系统的设计与实现如图 2.12 所示。

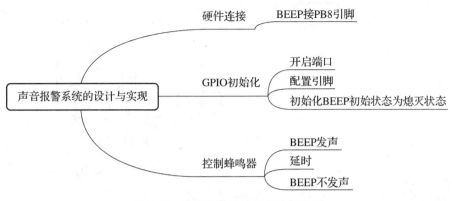

图 2.12 声音报警系统的设计与实现

2.2.3 知识链接

声光报警系统设计

蜂 鸣 器

蜂鸣器是一种一体化结构的电子讯响器，采用直流电压供电，广泛应用于计算机、打印机、复印机、报警器、电子玩具、汽车电子设备、电话机、定时器等电子产品中作发声器件。

蜂鸣器主要分为压电式蜂鸣器和电磁式蜂鸣器两种类型。

战舰 V3 开发板板载的蜂鸣器是电磁式有源蜂鸣器，如图 2.13 所示。

图 2.13 电磁式有源蜂鸣器

有源蜂鸣器自带振荡电路，一通电就会发声；无源蜂鸣器则不自带振荡电路，必须外部提供 2~5 kHz 的方波驱动才能发声。

STM32 的单个 I/O 端口最大可以提供 25 mA 电流，而蜂鸣器的驱动电流是 30 mA 左右，两者十分相近，但是全盘考虑，STM32 整个芯片的电流最大也只有 150 mA，如果用 I/O 端口直接驱动蜂鸣器，则需要节省用电，所以不用 STM32 的 I/O 端口直接驱动蜂鸣器，而是通过三极管扩流后再驱动蜂鸣器，这样 STM32 的 I/O 端口只需要提供不到 1 mA 的电流即可。

在战舰 V3 开发板上，蜂鸣器在硬件上是直接连接好的，不需要进行任何设置，直接编写代码即可。

2.2.4 任务实施

1. 硬件连接

蜂鸣器硬件连接原理图如图 2.14 所示。

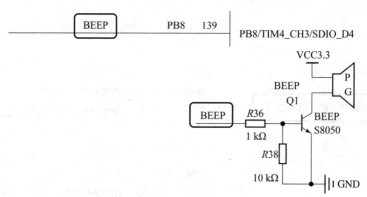

图 2.14　蜂鸣器硬件连接原理图

由原理图分析蜂鸣器的电路连接关系。

2. 实现延时功能

1）不含参延时函数：delay( )

2）含参延时函数：delay( )

3. 完成 GPIO 端口的初始化

调用标准外设库函数实现，步骤如下。

步骤一：开启端口 B 的时钟，配置寄存器 RCC_APB2ENR 或者通过操作函数 RCC_APB2PeriphClockCmd( )实现。

步骤二：配置 PB8 引脚为推挽输出模式，通过操作初始化函数 GPIO_Init( )实现。

步骤三：使蜂鸣器处于无声音状态，通过操作函数 GPIO_ResetBits( )实现。

请写出实现代码：

4. 实现蜂鸣器功能

由原理图可知，PB8 引脚输出 0，可以使蜂鸣器停止发声，PB8 引脚输出 1，可以使蜂鸣器发出声音，通过操作函数 GPIO_SetBits( )和 GPIO_ResetBits( )实现。

请写出实现代码：

5. 仿真与下载

先用软件仿真，看结果是否正确，根据软件仿真的结果，将程序下载到战舰 V3 开发板上运行。

请写出仿真流程及仿真结果。

任务评分表

任务 2 的任务评分表见表 2.10。

表 2.10　任务 2 的任务评分表

班级			姓名		学号		小组	
学习任务名称								
自我评价	1		遵循 6S 管理				□符合	□不符合
	2		不迟到、不早退				□符合	□不符合
	3		能独立完成工作页的填写				□符合	□不符合
	4		具有独立信息检索能力				□符合	□不符合
	5		小组成员分工合理				□符合	□不符合
	6		能制定合理的任务实施计划				□符合	□不符合
	7		能正确使用工具及设备				□符合	□不符合
	8		自觉遵守安全用电规划				□符合	□不符合
	学习效果自我评价等级： 评价人签名：						□优秀　□良好 □合格　□不合格	
小组评价	1		具有安全意识和环保意识				□能	□不能
	2		遵守课堂纪律，不做与课程无关的事情				□能	□不能
	3		清晰表达自己的观点，且正确合理				□能	□不能
	4		积极完成所承担的工作任务				□是	□否
	5		任务是否按时完成				□是	□否
	6		自觉维护教学仪器设备的完好性				□是	□否
	学习效果小组评价等级： 小组评价人签名：						□优秀　□良好 □合格　□不合格	
教师评价	1		能进行学习准备				□能	□不能
	2		课堂表现				□优秀　□良好 □合格　□不合格	
	3		任务实施计划合理				□是	□否
	4		硬件连接				□是	□否
	5		延时功能				□优秀　□良好 □合格　□不合格	

续表

班级		姓名		学号		小组	
学习任务名称							
教师评价	6	GPIO 端口初始化				□优秀　□良好 □合格　□不合格	
	7	主函数实现				□优秀　□良好 □合格　□不合格	
	8	编译下载				□优秀　□良好 □合格　□不合格	
	9	展示汇报				□优秀　□良好 □合格　□不合格	
	10	6S 管理				□符合　□不符合	
	教师评价等级： 评语： 　　　　　　　　　　　指导教师：					□优秀　□良好 □合格　□不合格	
学生综合成绩评定：						□优秀　□良好 □合格　□不合格	

任务回顾

1. 在操作蜂鸣器时，需要将 PB8 引脚设置为＿＿＿＿＿＿＿＿模式。
2. PB8 引脚输出＿＿＿＿＿＿＿＿电平，可以使蜂鸣器发出声音。

任务拓展

利用 STM32 控制蜂鸣器实现声光报警功能（即 LED0 点亮，蜂鸣器发出声响，延时后 LED0 熄灭，蜂鸣器不响，依次循环），设计硬件电路，编写控制程序并进行系统调试。

知识拓展

龙芯简介

龙芯是中国科学院计算研究所自主研发的通用 CPU，采用自主 LoongISA 指令系统，兼容 MIPS 指令。2002 年 8 月 10 日诞生的"龙芯 1 号"是我国首枚拥有自主知识产权的通用高性能微处理芯片。龙芯从 2001 年至今共开发了 1 号、2 号、3 号 3 个系列处理器和龙芯桥片系列，在政企、安全、金融、能源等应用场景得到了广泛应用。"龙芯 1 号"系列为 32 位低功耗、低成本处理器，主要面向低端嵌入式和专用应用领域；"龙芯 2 号"系列为 64 位低功耗单核或双核系列处理器，主要面向工控和终端等领域；"龙芯 3 号"系列为 64 位多核系列处理器，主要面向桌面和服务器等领域。

2015 年 3 月 31 日，中国发射首枚使用龙芯的北斗卫星。

2019 年 12 月 24 日，龙芯 3A4000/3B4000 在北京发布，使用与上一代产品相同的28 nm 工艺，通过设计优化，实现了性能的成倍提升。龙芯中科技术有限公司最新研制的新一代处理器核 GS464 V，主频为 1.8～2.0 GHz，SPEC CPU2006 定点和浮点单核分值均超过 20 分，是上一代产品的两倍以上。龙芯中科技术有限公司坚持自主研发，芯片中的所有功能模块，包括 CPU 核心等在内的所有源代码均实现自主设计，所有定制模块也均为自主研发。2020 年 3 月 3 日，360 公司与龙芯中科技术有限公司联合宣布，双方将加深多维度合作，在芯片应用和网络安全开发等领域进行研发创新，并展开多方面技术与市场合作。

2021 年 4 月，龙芯自主指令系统架构（Loongson Architecture，以下简称龙芯架构或 LoongArch）的基础架构通过国内第三方知名知识产权评估机构的评估。该架构从顶层架构到指令功能和 ABI 标准等，全部自主设计，不需要国外授权。2021 年 7 月，龙芯中科技术有限公司正式发布基于 LoongArch 的新一代国产处理器龙芯 3A5000［图 2.15（a）］。在主要规格方面，该处理器主频为 2.3～2.5 GHz，包含 4 个处理器核心。每个处理器核心采用 64 位超标量 GS464 V 自主微结构，包含 4 个定点单元、2 个 256 位向量运算单元和 2 个访存单元。它集成了 2 个支持 ECC 校验的 64 位 DDR4－3200 控制器、4 个支持多处理器数据一致性的 HyperTransport 3.0 控制器。从系统集成性方面来看，其先进程度并不明显弱于英特尔公司和美国超威半导体公司的最新芯片。

在实际应用的性能表现方面，较上一代龙芯 3A4000 处理器，龙芯 3A5000 处理器在保持引脚兼容的基础上，性能提升了 50% 以上，功耗降低了 30% 以上。在复杂文档处理、浏览器打开、3D 引擎加速、4K 高清软解以及各类业务软件处理等方面，龙芯 3A5000 计算机［图 2.15（b）］用户体验提升明显，达到了极速的用户性能体验。

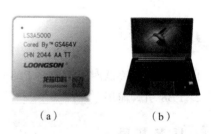

（a） （b）

图 2.15 龙芯 3A500 和龙芯 3A5000 计算机
（a）龙芯 3A5000；（b）龙芯 3A5000 计算机

信息安全始终是发展自主可控技术的重要考量因素。据称，龙芯 3A5000 实现了自主性和安全性的深度融合，龙芯 3A5000 中包括 CPU 核心、内存控制器及相关 PHY、高速 I/O 接口控制器及相关 PHY、锁相环、片内多端口寄存器堆等在内的所有模块均自主设计。其在处理器核内实现了专门机制防止"幽灵（Spectre）"与"熔断（Meltdown）"的攻击，并在处理器核内支持操作系统内核栈防护等访问控制机制。龙芯 3A5000 处理器集成了安全可信模块，支持可信计算体系。龙芯 3A5000 内置硬件加密模块，支持商密 SM2/3/4 及以上算法，其中 SM3/4 密码处理性能达到 5 Gbit/s 以上。

目前，与龙芯 3A5000 配套的三大编译器 GCC、LLVM、GoLang 和三大虚拟机 Java、JavaScript、.NET 均已开发完成。面向信息化应用的龙芯基础版操作系统 Loongnix 和面向工控及终端应用的龙芯基础版操作系统 LoongOS 已经发布。从 X86 到 LoongArch 的二进制翻译系统 LATX 已经能够运行部分 X86/Windows 应用软件。统信 UOS、麒麟 Kylin 等国产操作系统已实现对龙芯 3A5000 的支持。数十家国内知名整机企业、ODM 厂商、行业终端开发商等基于龙芯 3A5000 处理器研制了上百款整机解决方案产品，包括台式计算机、笔记本计算机、一体机、金融机具、行业终端、安全设备、网络设备、工控模块等。

自主研发的 CPU 对国家高科技行业来说是至关重要的，过度依靠国外的 CPU 则会在很大程度上丧失生产经营的自主权，同时也会减少经营利润，国外 CPU 的提价造成的生产成本上升也会影响国内电子产品的销量，因此我国各大企业都在积极探索，提升科研能力，自主研发芯片，解决目前国内芯片短缺的难题。龙芯在 3A5000 处理器的基础上还推出了新的龙芯 3C5000L 处理器，它能够同时满足云计算和数据中心等多种处理器的性能需求，更加具有实用性，在性能方面与同期处理器市场上的产品相比更加具有竞争力。虽然目前龙芯处理器与市场上同类的主流 CPU 处理器相比并不具有太大的优势，但是相信龙芯中科技术有限公司在推出首款采用自主指令系统的处理器芯片之后，还会通过不断地探索，在处理器方面取得更大的突破。

任务 3　按键检测系统的设计与实现

2.3.1　任务分析

1. 任务描述

利用 STM32 控制按键 KEY0 实现按键检测系统。要求：按下按键 LED0 点亮，松开按键 LED0 熄灭。设计硬件电路，编写控制程序并进行系统调试。

2. 任务目标

（1）培养安全意识、团队意识；

（2）培养工匠精神、质量精神；

（3）操作规范，符合 5S 管理要求；

（4）具备自主探究、勤学好问的态度；

（5）会使用库函数实现按键检测功能；

（6）掌握 I/O 端口输入相关库函数的使用方法。

2.3.2　任务实施规划

按键检测系统的设计与实现如图 2.16 所示。

按键工作原理

2.3.3　知识链接

1. 按键概述

按键有时也称为按钮或开关，它是控制系统中常用的外部设备之一，也是最简单的数字量输入设备。键盘是由若干个规则排列的按键组成的，如手机键盘和计算机键盘等，不同的按键代表不同的含义（一般来说，按键的含义可通过软件定义）。用户通过按动按键，输入数据或命令，实现简单的人机交互。

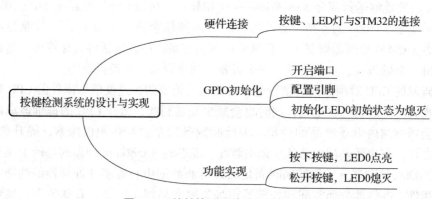

图 2.16　按键检测系统的设计与实现

　　机械式按键在被按下或释放时，由于弹性作用的影响，通常伴随一定时间的触点机械抖动，然后触点才能稳定下来。抖动时间的长短与开关的机械特性有关，一般为 5 ~ 10 ms，其抖动过程如图 2.17 所示。

　　若有抖动存在，按键被按下会被错误地认为是多次操作。为了避免 CPU 多次处理按键的一次闭合，应采取措施来消除抖动。消除抖动常用硬件去抖和软件去抖两种方法。在按键较少时，可采用硬件去抖方法；当按键较多时，可采用软件去抖方法。

　　1）硬件去抖

　　硬件去抖采用硬件滤波的方法，在按键输出端加 R - S 触发器（双稳态触发器）或单稳态触发器构成去抖动电路。双稳态去抖动电路如图 2.18 所示。

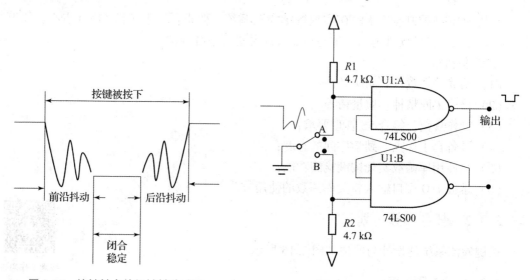

图 2.17　按键触点的机械抖动过程　　　　图 2.18　双稳态去抖动电路

　　图 2 - 18 中用两个"与非"门构成一个 R - S 触发器。当按键未被按下时，输出 1；当按键被按下（就是 A 到 B）时，输出 0。

　　按键具有机械性能，使按键弹性抖动产生瞬时断开（抖动跳开 B），只要按键不返回原始状态 A，双稳态去抖动电路的状态不改变，输出就保持 0，不会产生抖动的波形。也就是说，即使 B 点的电压波形是抖动的，但经双稳态去抖动电路后，其输出仍为正规的矩形波。

这一点通过分析 RS 触发器的工作过程很容易得到验证。

2）软件去抖

如果按键较多，通常使用软件去抖方法。在检测到有按键被按下时，执行一个 10 ms 左右（具体时间应根据使用的按键进行调整）的延时程序后，再确认该键是否仍保持闭合状态的电平，若仍保持闭合状态的电平，则确认该键处于闭合状态。同理，在检测到该按键被释放后，也应采用相同的步骤进行确认，从而可消除抖动的影响。软件去抖的流程如图 2.19 所示。

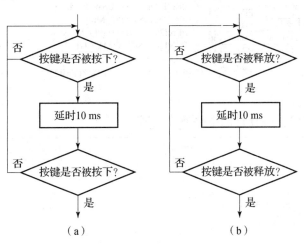

图 2.19　软件去抖的流程
（a）检测按键；（b）释放按键

GPIO 相关库函数

2. 相关库函数

1）函数 GPIO_ReadInputDataBit( )

函数原型：u8 GPIO_ReadInputDataBit(GPIO_TypeDef * GPIOx,u16 GPIO_Pin);

功能：在标准外设库中操作 IDR 寄存器读取 I/O 端口数据；

参数 1：GPIOA – GPIOG；

参数 2：待读取的端口位，即具体哪个引脚。

例如：

```
u8 ReadValue;
ReadValue = GPIO_ReadInputDataBit(GPIOB,GPIO_Pin_7);
```

2）函数 GPIO_ReadInputData( )

函数原型：u16 GPIO_ReadInputData(GPIO_TypeDef * GPIOx);

功能：在标准外设库中操作 IDR 寄存器读取 I/O 端口数据；

参数：待读取的端口 GPIOA – GPIOG。

例如：

```
u16 ReadValue;
ReadValue = GPIO_ReadInputData(GPIOC);
```

按键检测库函数

2.3.4 任务实施

按键与 STM32F1 连接原理图如图 2.20 所示。

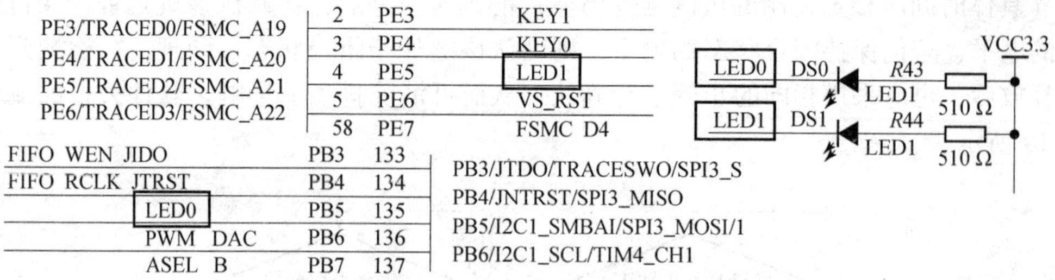

PE3/TRACED0/FSMC_A19	2 PE3	KEY1
PE4/TRACED1/FSMC_A20	3 PE4	KEY0
PE5/TRACED2/FSMC_A21	4 PE5	LED1
PE6/TRACED3/FSMC_A22	5 PE6	VS_RST
	58 PE7	FSMC D4

FIFO WEN JIDO	PB3	133	PB3/JTDO/TRACESWO/SPI3_S
FIFO RCLK JTRST	PB4	134	PB4/JNTRST/SPI3_MISO
LED0	PB5	135	PB5/I2C1_SMBAI/SPI3_MOSI/1
PWM DAC	PB6	136	PB6/I2C1_SCL/TIM4_CH1
ASEL B	PB7	137	

VCC3.3

LED0 DS0 R43 510 Ω LED1

LED1 DS1 R44 510 Ω LED1

图 2.20 按键与 STM32F1 连接原理图

1. 硬件连接

由原理图分析按键、LED 灯的电路连接关系。

2. 完成 GPIO 端口的初始化

调用标准外设库函数实现，步骤如下。

步骤一：开启端口 B 和端口 E 的时钟，通过操作函数 RCC_APB2PeriphClockCmd( )实现。

步骤二：配置 PB5 引脚为推挽输出模式，配置 PE4 引脚为上拉输入模式，通过操作初始化函数 GPIO_Init( )实现。

步骤三：使 LED0 处于熄灭状态，通过操作函数 GPIO_SetBits( )实现。

请写出实现代码：

3. 功能实现

由原理图可知，检测到按下按键 KEY0，即 PE4 引脚为低电平时，控制 PB5 引脚输出 0，可以使 LED0 点亮；检测到松开按键，即 PE4 引脚为高电平时，控制 PB5 引脚输出 1，可以使 LED0 熄灭。通过操作函数 GPIO_ReadInputDataBit()、GPIO_SetBits() 和 GPIO_ResetBits() 实现。

请写出实现代码：

4. 仿真与下载

先用软件仿真，看结果是否正确，根据软件仿真的结果，将程序下载到战舰 V3 开发板上运行。

请写出仿真流程及仿真结果。

任务评分表

任务 3 的任务评分表见表 2.11。

表 2.11 任务 3 的任务评分表

班级		姓名		学号		小组	
学习任务名称							
自我评价	1	遵循 6S 管理				□符合	□不符合
	2	不迟到、不早退				□符合	□不符合
	3	能独立完成工作页的填写				□符合	□不符合
	4	具有独立信息检索能力				□符合	□不符合
	5	小组成员分工合理				□符合	□不符合

续表

班级			姓名		学号			小组	
学习任务名称									
自我评价	6		能制定合理的任务实施计划				□符合		□不符合
	7		能正确使用工具及设备				□符合		□不符合
	8		自觉遵守安全用电规划				□符合		□不符合
	学习效果自我评价等级： 评价人签名：						□优秀 □合格		□良好 □不合格
小组评价	1		具有安全意识和环保意识				□能		□不能
	2		遵守课堂纪律，不做与课程无关的事情				□能		□不能
	3		清晰表达自己的观点，且正确合理				□能		□不能
	4		积极完成所承担的工作任务				□是		□否
	5		任务是否按时完成				□是		□否
	6		自觉维护教学仪器设备的完好性				□是		□否
	学习效果小组评价等级： 小组评价人签名：						□优秀 □合格		□良好 □不合格
教师评价	1		能进行学习准备				□能		□不能
	2		课堂表现				□优秀 □合格		□良好 □不合格
	3		任务实施计划合理				□是		□否
	4		硬件连接				□是		□否
	5		延时功能				□优秀 □合格		□良好 □不合格
	6		GPIO 端口初始化				□优秀 □合格		□良好 □不合格
	7		主函数实现				□优秀 □合格		□良好 □不合格
	8		编译下载				□优秀 □合格		□良好 □不合格
	9		展示汇报				□优秀 □合格		□良好 □不合格
	10		6S 管理				□符合		□不符合

续表

班级		姓名		学号		小组	
学习任务名称							
	教师评价等级： 评语： 指导教师：					□优秀　□良好 □合格　□不合格		
学生综合成绩评定：						□优秀　□良好 □合格　□不合格	

🌀 任务回顾

1. 硬件去抖采用_____的方法，在按键输出端加_____或_____构成去抖动电路。

2. 分析函数 GPIO_ReadInputData( ) 和 GPIO_ReadInputDataBit( ) 的区别。

3. 简述软件去抖的流程。

4. 按键查询方式和中断方式各有什么优、缺点？

🌀 任务拓展

（1）按一次按键 KEY0，LED0 点亮，第二次按下按键 KEY0，LED0 熄灭，依次进行；按一次按键 KEY1，LED1 点亮，第二次按下按键 KEY1，LED1 熄灭，依次进行，如何实现？

（2）许多自动化设备都依赖各种触觉开关，例如机器人碰到障碍物时，触觉开关会察觉，通过编程可以让机器人避开障碍物。试利用金属丝 2 根（触须）和电阻等元器件搭建一个恰当的电路，当触须没有被碰到时，I/O 引脚上的电压为高电平，当触须被碰到时，I/O 引脚上的电压为低电平。STM32 读入上述数据后，控制机器人前进或者后退。触须电路示意如图 2.21 所示。

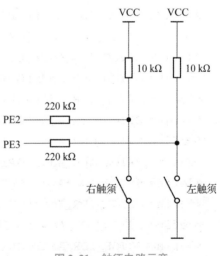

图 2.21　触须电路示意

🌀 知识拓展

I/O 端口的位操作

该部分代码在"sys. h"文件中，实现 STM32 各个 I/O 端口的位操作，包括读入和输出。当然，在这些函数调用之前，必须先进行 I/O 端口时钟的使能和 I/O 端口功能定义。此部分仅对 I/O 端口进行输入、输出读取和控制。

简单地说，位操作就是把每个比特膨胀（映射）为一个 32 位的字，当访问这些字的时候就达到了访问比特的目的，比如 BSRR 寄存器有 32 个位，那么可以映射到 32 个地址上，访问这 32 个地址就达到访问 32 个比特的目的。这样往某个地址写 1 就达到往对应比特位写 1 的目的，同样往某个地址写 0 就达到往对应比特位写 0 的目的。

如图 2.22 所示，往 Address0 地址写入 1，就可以达到往寄存器的第 0 对于位 Bit0 赋值 1 的目的。这里不讲得过于复杂，因为位操作在实际开发中对于 I/O 端口的输入、输出比较方便，在日常开发中基本很少用。下面介绍"sys.h"中位操作的定义。

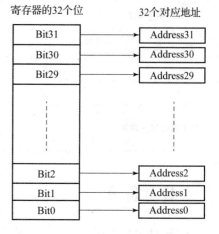

图 2.22 位带映射

代码如下：

```
#define BITBAND(addr,bitnum)((addr & 0xF0000000) +0x2000000 +((addr
&0xFFFFF) <<5) +(bitnum <<2))
#define MEM_ADDR(addr) *((volatile unsigned long *)(addr))
#define BIT_ADDR(addr,bitnum)MEM_ADDR(BITBAND(addr,bitnum))
//I/O 端口地址映射
#define GPIOA_ODR_Addr(GPIOA_BASE +12)//0x4001080C
#define GPIOB_ODR_Addr(GPIOB_BASE +12)//0x40010C0C
#define GPIOC_ODR_Addr(GPIOC_BASE +12)//0x4001100C
#define GPIOD_ODR_Addr(GPIOD_BASE +12)//0x4001140C
#define GPIOE_ODR_Addr(GPIOE_BASE +12)//0x4001180C
#define GPIOF_ODR_Addr(GPIOF_BASE +12)//0x40011A0C
#define GPIOG_ODR_Addr(GPIOG_BASE +12)//0x40011E0C
#define GPIOA_IDR_Addr(GPIOA_BASE +8)//0x40010808
#define GPIOB_IDR_Addr(GPIOB_BASE +8)//0x40010C08
#define GPIOC_IDR_Addr(GPIOC_BASE +8)//0x40011008
#define GPIOD_IDR_Addr(GPIOD_BASE +8)//0x40011408
#define GPIOE_IDR_Addr(GPIOE_BASE +8)//0x40011808
#define GPIOF_IDR_Addr(GPIOF_BASE +8)//0x40011A08
#define GPIOG_IDR_Addr(GPIOG_BASE +8)//0x40011E08
//I/O 端口操作,只对单一的 I/O 端口!    确保n的值小于16!
#define PAout(n)  BIT_ADDR(GPIOA_ODR_Addr,n)    //输出
#define PAin(n)BIT_ADDR(GPIOA_IDR_Addr,n)        //输入
```

```
#define PBout(n)    BIT_ADDR(GPIOB_ODR_Addr,n)    //输出
#define PBin(n)BIT_ADDR(GPIOB_IDR_Addr,n)         //输入
#define PCout(n)    BIT_ADDR(GPIOC_ODR_Addr,n)    //输出
#define PCin(n)     BIT_ADDR(GPIOC_IDR_Addr,n)    //输入
#define PDout(n)    BIT_ADDR(GPIOD_ODR_Addr,n)    //输出
#define PDin(n)     BIT_ADDR(GPIOD_IDR_Addr,n)    //输入
#define PEout(n)    BIT_ADDR(GPIOE_ODR_Addr,n)    //输出
#define PEin(n)     BIT_ADDR(GPIOE_IDR_Addr,n)    //输入
#define PFout(n)    BIT_ADDR(GPIOF_ODR_Addr,n)    //输出
#define PFin(n)     BIT_ADDR(GPIOF_IDR_Addr,n)    //输入
#define PGout(n)    BIT_ADDR(GPIOG_ODR_Addr,n)    //输出
#define PGin(n)     BIT_ADDR(GPIOG_IDR_Addr,n)    //输入
```

以上代码的便是 GPIO 位操作的具体实现，调用 PAout(1) = 1 是设置了 GPIOA 的第一个引脚 GPIOA.1 为 1，实际是设置了寄存器 ODR 的某个位，但是定义中可以跟踪看到通过计算访问了一个地址。上面一系列公式也就是计算 GPIO 的某个 I/O 端口对应的位带区的地址。

有了上面的代码，就可以像 51/AVR 单片机一样操作 STM32 的 I/O 端口了。例如：

```
//宏定义
#define LED0 PBout(5) //LED0
#define LED1 PEout(5) //LED1
//通过位操作 I/O 端口电平
LED0 = 1;   //通过位操作控制 LED0 的引脚 PB5 输出高电平
LED0 = 0;   //通过位操作控制 LED0 的引脚 PB5 输出低电平
```

该方法等同于库函数法：

```
GPIO_SetBits(GPIOB,GPIO_Pin_5);//设置 GPIOB.5 输出 1,等同于 LED0 = 1;
GPIO_ResetBits(GPIOB,GPIO_Pin_5);//设置 GPIOB.5 输出 0,等同于 LED0 = 0;
```

利用位操作实现按键检测系统的方法如下。

步骤一：宏定义。

```
#define KEY0 PEin(4)
#define LED0 PBout(5)
#define KEY1 PEin(3)
#define LED1 PEout(5)
```

步骤二：初始化。

```
void IO_Init()
{
    GPIO_InitTypeDef GPIO_InitStructure;
    RCC_APB2PeriphClockCmd(RCC_APB2Periph_GPIOB
                           |RCC_APB2Periph_GPIOE,ENABLE);
    GPIO_InitStructure.GPIO_Pin =GPIO_Pin_5;
    GPIO_InitStructure.GPIO_Mode =GPIO_Mode_Out_PP;
    GPIO_InitStructure.GPIO_Speed =GPIO_Speed_50MHz;
    GPIO_Init(GPIOB,&GPIO_InitStructure);
    GPIO_Init(GPIOE,&GPIO_InitStructure);
    GPIO_InitStructure.GPIO_Pin = |GPIO_Pin_4;
    GPIO_InitStructure.GPIO_Mode =GPIO_Mode_IPU;
    GPIO_Init(GPIOE,&GPIO_InitStructure);
    GPIO_SetBits(GPIOB,GPIO_Pin_5);
}
```

步骤三：功能实现。

```
while(1)
{
    if(KEY0 ==0)
        LED0 =0;
    else
        LED0 =1;
    if(KEY1 ==0)
        LED1 =0;
    else
        LED1 =1;
}
```

知识拓展

C 语言编写规范

（1）程序块要采用缩进风格编写，缩进的空格数为 4 个。

说明：对于由开发工具自动生成的代码可以不一致。

（2）相对独立的程序块之间、变量说明之后必须加空行。

例如：

```
if(!valid_ni(ni))
{
    ... //程序代码
}

repssn_ind = ssn_data[index].repssn_index;
repssn_ni = ssn_data[index].ni;
```

（3）较长的语句（>80 字符）要分成多行书写，长表达式要在低优先级操作符处划分新行，操作符放在新行之首，划分出的新行要进行适当的缩进，使排版整齐，语句可读。例如：

```
perm_count_msg.head.len = NO7_TO_STAT_PERM_COUNT_LEN
                        + STAT_SIZE_PER_FRAM * sizeof(_UL)
```

（4）不允许把多个短语句写在一行中，即一行只写一条语句。
例如：

```
rect.length = 0;
rect.width = 0;
```

（5）if、for、do、while、case、switch、default 等语句自占一行，且 if、for、do、while 等语句的执行语句部分无论多少都要加括号{}。
例如：

```
if(pUserCR == NULL)
{
    return;
}
```

（6）程序块的分界符（如 C/C++ 语言的大括号"{"和"}"）应各独占一行并且位于同一列，同时与引用它们的语句左对齐。在函数体的开始、类的定义、结构的定义、枚举的定义以及 if、for、do、while、switch、case 语句中的程序都要采用如上缩进方式。
例如：

```
for(...)
{
    ... //program code
}
```

（7）对齐只使用空格键，不使用 Tab 键。
（8）在两个以上的关键字、变量、常量进行对等操作时，它们之间的操作符之前、之后或者前、后要加空格；进行非对等操作时，如果是关系密切的立即操作符（如 ->），之后不应加空格。

例如：

①逗号、分号只在后面加空格。

```
int a,b,c;
```

②比较操作符，赋值操作符" = "" += "、算术操作符" + ""%"、逻辑操作符"&&""&"、位域操作符" << ""^"等双目操作符的前、后加空格。

```
if (current_time >= MAX_TIME_VALUE)
a = b + c;
a *= 2;
a = b^2;
```

③"!"" ~ "" ++ "" -- ""&"（地址运算符）等单目操作符前、后不加空格。

```
*p = 'a';//内容操作" * "与内容之间
flag = ! isEmpty;//非操作"!"与内容之间
```

④" -> "" . "前、后不加空格。

```
p -> id = pid;//" -> "指针前、后不加空格
```

⑤ if、for、while、switch 等与后面的括号间应加空格，以使 if 等关键字更为突出、明显。

```
if (a >= b && c > d)
```

（9）一般情况下，源程序有效注释量必须在 20% 以上。

边写代码边注释，修改代码同时修改相应的注释，以保证注释与代码的一致性。不再有用的注释要删除。

（10）注释应与其描述的代码相近，对代码的注释应放在其上方或右方（对单条语句的注释）相邻位置，不可放在下面，如放于上方则需与其上面的代码用空行隔开。

例如：

```
/* get replicate sub system index and net indicator */
repssn_ind = ssn_data[index].repssn_index;
repssn_ni = ssn_data[index].ni;
```

（11）在程序块的结束行右方加注释标记，以表明某程序块结束。

说明：当代码段较长，特别是多重嵌套时，这样做可以使代码更清晰，更便于阅读。

例如：

```
if (...)
{
```

```
    //program code
    while (index < MAX_INDEX)
    {
    //program code
    } /* end of while (index < MAX_INDEX) */   //指明该条 while 语句结束
} /* end of if (...) */   //指明是哪条 if 语句结束
```

（12）注释格式尽量统一，建议使用"/ * …… * /"。

（13）对于变量命名，禁止取单个字符（如 i、j、k...），建议除了有具体含义外，还能表明其变量类型、数据类型等，但 i、j、k 作局部循环变量是允许的。

项目三

中断系统的设计与实现

项目描述

本项目主要介绍 STM32 的外部中断、定时器中断、PWM 脉宽调制的相关知识。通过本项目的学习可以实现按键中断控制 LED 灯、定时器中断控制 LED 灯、PWM 脉宽调制的设计。

项目目标

- 培养规范意识、标准意识；
- 培养团队意识、安全意识；
- 培养担当精神，质量精神；
- 了解 STM32 的中断系统、外部中断、定时器中断、PWM 脉宽调制的相关知识和使用方法；
- 会利用 STM32 的中断控制 LED 灯；
- 会利用 STM32 的定时器中断控制 LED 灯；
- 会利用 STM32 的定时器中断进行 PWM 脉宽调制。

任务 1　按键中断控制 LED 灯

3.1.1　任务分析

1. 任务描述

利用 STM32 中断系统实现两个按键 KEY0、KEY1 控制 LED0 的闪烁频率（控制的 LED0 周期分别期为 0.2 s 和 1 s，占空比都为 50%），编写控制程序并进行系统调试。

2. 任务目标

（1）培养担当精神，精益求精精神；

（2）培养规范意识；

（3）了解 STM32 中断控制机制；

（4）了解 NVIC 中断优先级；

（5）会进行 NVIC 中断优先级设置；

（6）会外部中断的编程方法。

3.1.2 任务实施规划

按键中断控制 LED 灯的设计与实现如图 3.1 所示。

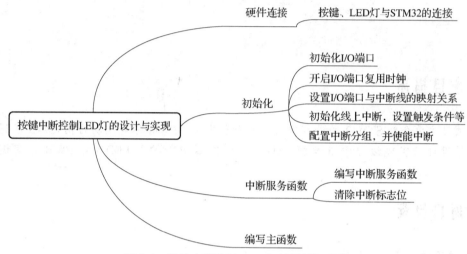

图 3.1 按键中断控制 LED 灯的设计与实现

NVIC

3.1.3 知识链接

1. STM32 中断概述

在程序运行过程中，系统出现了一个必须由 CPU 立即处理的情况，此时，CPU 暂时中止程序的执行转而处理这个新的情况的过程叫作中断。例如：在日常生活中，某人正在做家务，突然电话响了，立即"中断"正在做的事情，去接电话，接完电话后继续做家务。

外设在做好进行一次数据输入/输出的准备后，产生一个信号给 CPU 请求传输数据，这个信号叫作中断请求。

引起中断的原因，或者中断请求信号的来源称为中断源。

微处理器若可以进行数据传输，则响应中断请求，停止当前正在执行的程序，而转向对该外设进行新的输入/输出操作，这称为中断响应。

对外设进行新的输入/输出操作所执行的程序，称为中断服务程序。

处理完中断服务程序后返回原来执行的程序继续执行，称为中断返回。

中断是 STM32 的核心技术之一。在项目二的按键控制中，CPU 每隔一定时间判断按键是否被按下，而在实际的电子产品中，并非要经常按下按键，CPU 经常处于空的判断状态，浪费 CPU 资源。因此，可以采用中断的工作方式提高 CPU 的工作效率：当有按键被按下的时候，产生中断，CPU 执行按键识别控制程序；当无按键被按下的时候，CPU 正常工作，不执行按键识别控制程序。

2. STM32 中断系统

CM3 内核支持 256 个中断，其中包含 16 个内核中断和 240 个外部中断，并且具有 256 级的可编程中断设置。STM32 没有使用 CM3 内核的全部内容，只使用了其中一部分。STM32 有 84 个中断，包括 16 个内核中断和 68 个可屏蔽中断，具有 16 级可编程的中断优先级。STM32F103 系列只有 60 个可屏蔽中断（STM32F107 系列只有 68 个可屏蔽中断），表 3.1 列出了部分中断源，具体可查阅对应处理器的芯片手册。

表 3.1 STM32F103 系列可屏蔽中断部分示例

0	7	可设置	WWDG	窗口定时器中断	0x0000_0040
1	8	可设置	PVD	连到 EXT1 的电源电压检测（PVD）中断	0x0000_0044
2	9	可设置	TAMPER	侵入检测中断	0x0000_0048
3	10	可设置	RTC	实时时钟（RTC）全局中断	0x0000_004C
4	11	可设置	FLASH	闪存全局中断	0x0000_0050
5	12	可设置	RCC	复位和时钟控制（RCC）中断	0x0000_0054
6	13	可设置	EXTI0	EXTI 线 0 中断	0x0000_0058
7	14	可设置	EXTI1	EXTI 线 1 中断	0x0000_005C
8	15	可设置	EXTI2	EXTI 线 2 中断	0x0000_0060
9	16	可设置	EXTI3	EXTI 线 3 中断	0x0000_0064
10	17	可设置	EXTI4	EXTI 线 4 中断	0x0000_0068
…	…	…	…	…	…

注意：STM32 的中断通道（中断线）可能会由多个中断源公用，这就意味着某个中断服务函数也可能被多个中断源共用。

3. STM32 外部中断

STM32 的每个 GPIO 引脚都可以作为外部中断的输入口，也就是都能配置成一个外部中断触发源。STM32F103 中断控制器支持 19 个外部中断（对于互联型产品是 20 个）事件请求。

外部中断

线 0~15：对应外部 I/O 端口的输入中断。

线 16：连接到 PVD（可编程电压监测器）输出。

线 17：连接到 RTC 闹钟事件。

线 18：连接到 USB 唤醒事件。

每个外部中断线可以独立配置触发方式（上升沿、下降沿或者双边沿触发）、使能/屏蔽。STM32 根据 GPIO 端口的引脚序号不同，把不同 GPIO 端口、同一个序号的引脚组成一组，每组对应一个外部中断源（即中断线）EXTIx（x：0~15）。比如：PA0、PB0、PC0、PD0、PE0、PF0、PG0 为第一组，依此类推，将众多中断触发源分成 16 组。GPIO 与外部中断的映射关系如图 3.2 所示。

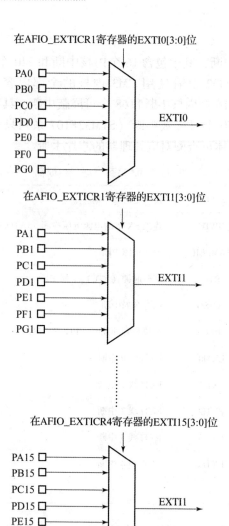

图 3.2　GPIO 与外部中断的映射关系

4. 中断指定函数

由图 3.2 可以看出，每个中断线最多对应 7 个 GPIO 端口的引脚，然而中断线每次只能连接到 1 个 GPIO 端口上，因此需要通过配置决定中断线对应到哪个 GPIO 端口，用到的函数为 GPIO_EXTILineConfig()。

函数原型：void GPIO_EXTILineConfig(u8 GPIO_PortSource,u8 GPIO_PinSource);

功能：连接外部中断线到指定的 GPIO 端口；

参数 1：指定的 GPIO 端口；

参数 2：待设置的外部中断线路。

例如：

```
GPIO_EXTILineConfig(GPIO_PortSourceGPIOE,GPIO_PinSource2);
```

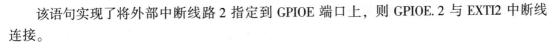

该语句实现了将外部中断线路 2 指定到 GPIOE 端口上, 则 GPIOE. 2 与 EXTI2 中断线连接。

5. 中断初始化函数

设置好中断线映射后, 要对中断线上的中断初始化, 用到的函数是 EXTI_Init()。

函数原型: void EXTI_Init(EXTI_InitTypeDef * EXTI_InitStruct);

功能: 根据指定的参数初始化外部中断;

参数: 指向结构体 EXTI_InitTypeDef 的指针, 包含了外设 EXTI 的配置信息, EXTI_InitTypeDef 结构体为:

```
typedef struct
{
    uint32_t    EXTI_Line;                  //指定要配置的中断线
    EXTIMode_TypeDef    EXTI_Mode;          //模式:事件 OR 中断
    EXTITrigger_TypeDef    EXTI_Trigger;    //触发方式
    FunctionalState    EXTI_LineCmd;        //使能或失能
}EXTI_InitTypeDef;
```

参数 EXTI_Line 为选择待使能或者失能的外部线路, 见表 3.2。

表 3.2　参数 EXTI_Line 描述

EXTI_ Line	描述	EXTI_ Line	描述
EXTI_ Line0	外部中断线 0	EXTI_ Line10	外部中断线 10
EXTI_ Line1	外部中断线 1	EXTI_ Line11	外部中断线 11
EXTI_ Line2	外部中断线 2	EXTI_ Line12	外部中断线 12
EXTI_ Line3	外部中断线 3	EXTI_ Line13	外部中断线 13
EXTI_ Line4	外部中断线 4	EXTI_ Line14	外部中断线 14
EXTI_ Line5	外部中断线 5	EXTI_ Line15	外部中断线 15
EXTI_ Line6	外部中断线 6	EXTI_ Line16	外部中断线 16
EXTI_ Line7	外部中断线 7	EXTI_ Line17	外部中断线 17
EXTI_ Line8	外部中断线 8	EXTI_ Line18	外部中断线 18
EXTI_ Line9	外部中断线 9	—	—

参数 EXTI_Mode 为设置被使能线路的模式, 其描述见表 3.3。

表 3.3　参数 EXTI_Mode 描述

EXTI_Mode	描述
EXTI_Mode_Event	设置 EXTI 线路为事件请求
EXTI_Mode_Interrupt	设置 EXTI 线路为中断请求

参数 EXTI_Trigger 为设置被使能线路的触发方式，其描述见表 3.4。

表 3.4　参数 EXTI_ Mode 描述

EXTI_Trigger	描述
EXTI_Trigger_Falling	设置输入线路下降沿为中断请求
EXTI_Trigger_Rising	设置输入线路上升沿为中断请求
EXTI_Trigger_Rising_Falling	设置输入线路上升沿和下降沿为中断请求

参数 EXTI_LineCmd 用来定义选中线路的状态，可被设为 ENABLE 或者 DISABLE。
例如，将中断线 2 上的中断设置为下降沿触发，代码如下：

```
EXTI_InitTypeDef EXTI_InitStructure;
EXTI_InitStructure.EXTI_Line = EXTI_Line2；  //将中断线映射到 EXTI2 上
EXTI_InitStructure.EXTI_Mode = EXTI_Mode_Interrupt;//设置为终端模式
EXTI_InitStructure.EXTI_Trigger = EXTI_Trigger_Falling;//设置为下
降沿触发中断
EXTI_InitStructure.EXTI_LineCmd = ENABLE;  //中断使能,即开中断
EXTI_Init(&EXTI_InitStructure);  //根据 EXTI_InitStructure 中指定的
参数初始化外设 EXTI 寄存器
```

6. STM32 中断优先级

1）中断相关寄存器

STM32F10x 系列在中断设置相关寄存器（"core_cm3. h"）中包含了中断
优先级相关寄存器：中断优先级控制的寄存器组 IP［240］、中断使能寄存器　　**NVIC 初始化**
组 ISER［8］、中断失能寄存器组 ICER［8］、中断挂起寄存器组 ISPR［8］、中断解挂寄存
器组 ICPR［8］、中断激活标志位寄存器组 IABR［8］。

中断使能寄存器组 ISER［8］用来使能中断。它是 32 位寄存器，每个位控制一个中断
的使能。STM32F10x 系列只有 60 个可屏蔽中断，所以只使用了其中的 ISER［0］和 ISER
［1］。ISER［0］的 bit0 ~ bit31 分别对应中断 0 ~ 31；ISER［1］的 bit0 ~ bit27 分别对应中
断 32 ~ 59。

中断失能寄存器组 ICER［8］用来失能中断。它是 32 位寄存器，每个位控制一个中断
的失能。STM32F10x 系列只有 60 个可屏蔽中断，所以只使用了其中的 ICER［0］和 ICER
［1］。ICER［0］的 bit0 ~ bit31 分别对应中断 0 ~ 31；ICER［1］的 bit0 ~ bit27 分别对应中
断 32 ~ 59。

中断挂起控制寄存器组 ISPR［8］每个位对应的中断和中断使能寄存器组 ISER 一样。
通过置 1，可以将正在进行的中断挂起，而执行同级或更高级别的中断。写 0 无效。

中断解挂控制寄存器组 ICPR［8］的作用与 ISPR 相反，对应位也和 ISER 一样。通过
设置 1，可以将挂起的中断接挂。写 0 无效。

中断激活标志位寄存器组 IABR［8］对应位所代表的中断和 ISER 一样，如果为 1，则

表示该位所对应的中断正在被执行。这是一个只读寄存器，通过它可以知道当前正在执行的中断是哪一个。中断执行完毕由硬件自动清零。

中断优先级控制的寄存器组 IP［240］共有 240 个 8 位寄存器，每个中断使用一个寄存器来确定优先级。STM32F10x 系列一共有 60 个可屏蔽中断，使用 IP［59］~ IP［0］。每个 IP 寄存器的高 4 位用来设置抢占和响应优先级（根据分组），低 4 位没有用到。响应优先级分为抢占优先级和响应优先级。抢占优先级在前，响应优先级在后。这两个优先级各占几个位要根据 SCB –> AIRCR 寄存器的中断分组设置来决定。

2）中断优先级

STM32 内核有两个中断优先级，分别是抢占优先级（也称为主优先级）和响应优先级（也称为子优先级），每个中断源都需要被指定这两种中断优先级。具有高抢占优先级的中断，可以在具有低抢占优先级的中断处理过程中被响应，即中断嵌套。

STM32 内核有很多中断源，需要对中断优先级进行分组管理。STM32 将中断分为 5 个组（组 0~4）。该分组的设置是由 SCB –> AIRCR 寄存器的 bit10 ~ bit8 来定义的。具体的分配关系见表 3.5。

表 3.5　参数 EXTI_Mode 描述

组	AIRCR［10:8］	IP［7:4］分配情况	分配结果
0	111	0：4	0 位抢占优先级，4 位响应优先级
1	110	1：3	1 位抢占优先级，3 位响应优先级
2	101	2：2	2 位抢占优先级，2 位响应优先级
3	100	3：1	3 位抢占优先级，1 位响应优先级
4	011	4：0	4 位抢占优先级，0 位响应优先级

抢占优先级和响应优先级的区别如下：

（1）高抢占优先级可以打断正在进行的低抢占优先级的中断；

（2）抢占优先级相同的中断，高响应优先级不可以打断低响应优先级的中断；

（3）抢占优先级相同的中断，在两个中断同时发生的情况下，哪个响应优先级高，哪个先执行；

（4）如果两个中断的抢占优先级和响应优先级一样，哪个中断先发生哪个中断就先执行。

例如：假定设置中断优先级组为 2，然后设置中断 3（RTC 中断）的抢占优先级为 2，响应优先级为 1；中断 6（外部中断 0）的抢占优先级为 3，响应优先级为 0；中断 7（外部中断 1）的抢占优先级为 2，响应优先级为 0，则这 3 个中断的优先级顺序为：中断 7 > 中断 3 > 中断 6。

3）中断优先级分组

STM32F10x 在嵌套向量中断控制器（简称 NVIC）中断进行统一的协调和控制，其最主要的工作就是控制中断通道开放与否，以及确定中断的优先级。优先级的数值越小，则优先级越高。中断优先级分组用中断优先级分组函数 PriorityGroupConfig（）定义。

函数原型：void NVIC_PriorityGroupConfig(u32 NVIC_PriorityGroup);

功能：设置优先级分组；

参数：NVIC_PriorityGroup 优先级分组位长度，这个参数有 5 个，是在"misc. h"中定义的，具体见表 3.6。

表 3.6　NVIC_PriorityGroup 优先级分组

NVIC_PriorityGroup	NVIC_IRQChannel 的抢占优先级	NVIC_IRQChannel 的响应优先级	描述
NVIC_PriorityGroup_0	0	0 ~ 15	抢占优先级 0 位，响应优先级 4 位
NVIC_PriorityGroup_1	0 ~ 1	0 ~ 7	抢占优先级 1 位，响应优先级 3 位
NVIC_PriorityGroup_2	0 ~ 3	0 ~ 3	抢占优先级 2 位，响应优先级 2 位
NVIC_PriorityGroup_3	0 ~ 7	0 ~ 1	抢占优先级 3 位，响应优先级 1 位
NVIC_PriorityGroup_4	0 ~ 15	0	抢占优先级 4 位，响应优先级 0 位

```
void NVIC_PriorityGroupConfig(uint32_t NVIC_PriorityGroup)
{
    assert_param(IS_NVIC_PRIORITY_GROUP(NVIC_PriorityGroup));
    SCB -> AIRCR = AIRCR_VECTKEY_MASK |NVIC_PriorityGroup;
}
```

这个函数是通过设置 SCB -> AIRCR 寄存器来设置中断优先级分组的。

例如：NVIC_PriorityGroupConfig(NVIC_PriorityGroup_2);

该函数确定了"2 位抢占优先级，2 位响应优先级"。

4）设置每个中断的优先级

中断优先级的设置在 NVIC 寄存器初始化函数中完成。NVIC 寄存器初始化函数为 NVIC_Init()。

函数原型：void NVIC_Init(NVIC_InitTypeDef * NVIC_InitStruct);

功能：根据指定的参数初始化外设 NVIC 寄存器；

参数：NVIC_InitStruct 指向结构 NVIC_InitTypeDef 的指针，包含了外设 GPIO 的配置信息，NVIC_InitTypeDef 定义于文件"stm32f10x_nvic. h"。

```
typedef struct
{
    u8 NVIC_IRQChannel;
    u8 NVIC_IRQChannelPreemptionPriority;
    u8 NVIC_IRQChannelSubPriority;
    FunctionalState NVIC_IRQChannelCmd;
}NVIC_InitTypeDef;
```

参数 NVIC_IRQChannel 用来使能或者失能指定的 IRQ 通道，见表 3.7。

表 3.7 参数 NVIC_IRQChannel 的部分取值

NVIC_IRQChannel	描述	NVIC_IRQChannel	描述
EXTI0_IRQn	外部中断线 0 中断	EXTI4_IRQn	外部中断线 4 中断
EXTI1_IRQn	外部中断线 1 中断	TIM2_IRQn	TIM2 全局中断
EXTI2_IRQn	外部中断线 2 中断	TIM3_IRQn	TIM3 全局中断
EXTI3_IRQn	外部中断线 3 中断	TIM4_IRQn	TIM4 全局中断

参数 NVIC_IRQChannelPreemptionPriority 设置了成员 NVIC_IRQChannel 中的抢占优先级。

参数 NVIC_IRQChannelSubPriority 设置了成员 NVIC_IRQChannel 中的响应优先级。

参数 NVIC_IRQChannelCmd 指定了在成员 NVIC_IRQChannel 中定义的 IRQ 通道被使能还是失能。这个参数取值为 ENABLE 或者 DISABLE。

例如对外部中段线 2 的初始化操作为：

```
NVIC_InitTypeDef  NVIC_InitStructure;
NVIC_PriorityGroupConfig(NVIC_PriorityGroup_2);
NVIC_InitStructure.NVIC_IRQChannel = EXTI2_IRQn;
NVIC_InitStructure.NVIC_IRQChannelPreemptionPriority = 0x0;
NVIC_InitStructure.NVIC_IRQChannelSubPriority = 0x0;
NVIC_InitStructure.NVIC_IRQChannelCmd = ENABLE;
NVIC_Init(&NVIC_InitStructure);
```

7. STM32 中断服务函数

完成中断初始化以及配置好中断优先级之后，接着编写中断服务函数。在启动文件"startup_stm32f10x_hd.s"中配置了中断向量表，同时定义了中断服务函数。需要在自己的"stm32f10x_it.c"中编写外部中断的中断服务函数。

是不是 16 个中断线就可以分配 16 个中断服务函数呢？

I/O 外部中断在中断向量表中只分配了 7 个中断向量，只能使用 7 个中断服务函数。

中断线 0 ~ 4 的每个中断线分别对应中断服务函数：EXTI0_IRQHandler()、EXTI1_IRQHandler()、EXTI2_IRQHandler()、EXTI3_IRQHandler()、EXTI4_IRQHandler()。

外部中断线 5 ~ 9 分配一个中断向量，共用一个服务函数 EXTI9_5_IRQHandler()；外部中断线 10 ~ 15 分配一个中断向量，共用一个中断服务函数 EXTI15_10_IRQHandler()。

常用的中断服务函数格式为：

```
void EXTI2_IRQHandler(void)
{
```

```
if(EXTI_GetITStatus(EXTI_Line2)!=RESET)
    //判断某个线上的中断是否发生
{

    //中断逻辑……
    EXTI_ClearITPendingBit(EXTI_Line2);//清除中断标志位

}
}
```

在编写中断服务函数时，经常用到函数 EXTI_GetITStatus( )和 EXTI_ClearITPendingBit( )。

1）函数 EXTI_GetITStatus( )

函数原型：ITStatus EXTI_GetITStatus(u32 EXTI_Line)；

功能：用于判断中断是否发生；

参数：所用的中断线；

返回值：EXTI_Line 的新状态（SET 或者 RESET）。

2）函数 EXTI_ClearITPendingBit( )

函数原型：void EXTI_ClearITPendingBit(u32 EXTI_Line)；

功能：清除中断线的中断标志位；

参数：要清除的中断线。

例如：EXTI_ClearITpendingBit(EXTI_Line2)；

3.1.4 任务实施

1. 硬件连接

硬件连接原理图如图 3.3 所示。

实现外部中断

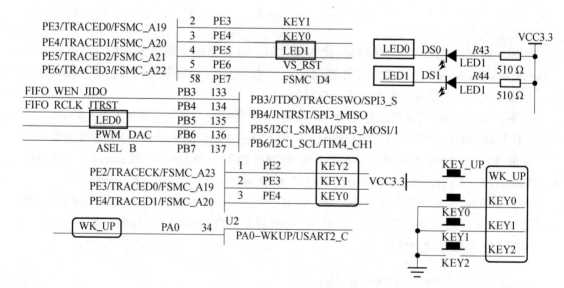

图 3.3　硬件连接原理图

由原理图分析电路的连接关系。

2. 实现延时功能

1）不含参延时函数：delay( )

2）含参延时函数：delay( )

3. 初始化

（1）初始化 I/O 端口。

（2）开启 I/O 端口复用时钟。

（3）设置 I/O 端口与中断线的映射关系。

（4）初始化线上中断，设置触发条件等。

（5）配置中断分组，并使能中断。

4. 编写中断服务函数

（1）编写中断服务函数。

（2）清除中断标志位。

5. 主程序"main. c"

6. 运行调试

编译程序，如有错误可根据报错信息进行调试，直至没有错误提示为止，然后将程序下载到开发板中运行，观察 LED0 的亮灭情况，若与任务要求不一致，则重新调试程序。

 任 务 评 分 表

任务 1 的任务评分表见表 3.8。

表 3.8　任务 1 的任务评分表

班级			姓名		学号		小组	
学习任务名称								
自我评价	1	遵循 6S 管理					□符合	□不符合
	2	不迟到、不早退					□符合	□不符合
	3	能独立完成工作页的填写					□符合	□不符合
	4	具有独立信息检索能力					□符合	□不符合
	5	小组成员分工合理					□符合	□不符合
	6	能制定合理的任务实施计划					□符合	□不符合
	7	能正确使用工具及设备					□符合	□不符合
	8	自觉遵守安全用电规划					□符合	□不符合
	学习效果自我评价等级： 评价人签名：						□优秀　□良好 □合格　□不合格	
小组评价	1	具有安全意识和环保意识					□能	□不能
	2	遵守课堂纪律，不做与课程无关的事情					□能	□不能
	3	清晰表达自己的观点，且正确合理					□能	□不能
	4	积极完成所承担的工作任务					□是	□否
	5	任务是否按时完成					□是	□否
	6	自觉维护教学仪器设备的完好性					□是	□否
	学习效果小组评价等级： 小组评价人签名：						□优秀　□良好 □合格　□不合格	
教师评价	1	能进行学习准备					□能	□不能
	2	课堂表现					□优秀　□良好 □合格　□不合格	
	3	任务实施计划合理					□是	□否
	4	硬件连接					□是	□否
	5	初始化					□优秀　□良好 □合格　□不合格	

续表

班级		姓名		学号		小组	
学习任务名称							
教师评价	6	中断服务函数				□优秀　□良好 □合格　□不合格	
	7	主函数实现				□优秀　□良好 □合格　□不合格	
	8	编译下载				□优秀　□良好 □合格　□不合格	
	9	展示汇报				□优秀　□良好 □合格　□不合格	
	10	6S 管理				□符合　□不符合	
教师评价等级： 评语： 　　　　　　　　　　　指导教师：						□优秀　□良好 □合格　□不合格	
学生综合成绩评定：						□优秀　□良好 □合格　□不合格	

任务回顾

1. STM32F103 系列采用＿＿＿＿＿＿位来编辑中断的优先级。
2. 在 STM32103 向量中断控制器的管理下，可将中断分为＿＿＿＿＿＿组。
3. STM32 嵌套向量中断控制器具有＿＿＿＿＿＿个可编程的优先等级。

任务拓展

1. 第一次按下 KEY1，LED1 点亮，第二次按下 KEY1，LED1 灯熄灭，并且第一次按下 KEY2，LED0 与 LED1 同时点亮，第二次按下 KEY2，LED0 和 LED1 同时熄灭，依次进行，如何利用中断实现？
2. 利用中断方式实现项目 2 任务 3 中任务拓展（2）的测试触须电路。

知识拓展

嵌入式软件工程师的要求

嵌入式软件工程师能根据项目管理和工程技术的实际要求，按照系统总体设计规格进

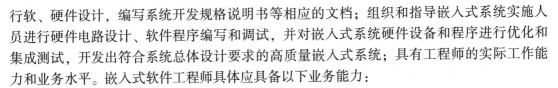
行软、硬件设计，编写系统开发规格说明书等相应的文档；组织和指导嵌入式系统实施人员进行硬件电路设计、软件程序编写和调试，并对嵌入式系统硬件设备和程序进行优化和集成测试，开发出符合系统总体设计要求的高质量嵌入式系统；具有工程师的实际工作能力和业务水平。嵌入式软件工程师具体应具备以下业务能力：

（1）掌握科学基础知识；

（2）掌握嵌入式系统的硬件、软件知识；

（3）掌握嵌入式系统分析的方法；

（4）掌握嵌入式系统设计与开发的方法及步骤；

（5）掌握嵌入式系统实施的方法；

（6）掌握嵌入式系统运行维护知识；

（7）了解信息化基础知识、信息技术引用的基础知识；

（8）了解信息技术标准、安全，以及有关法律的基本知识；

（9）了解嵌入式技术的发展趋势；

（10）正确阅读和理解计算机及嵌入式领域的英文资料。

嵌入式软件工程师的职责是负责嵌入式系统软件的规划、设计、编码、测试等工作的人员。

嵌入式开发一般都是做产品，而不是做系统，开发周期一般而言比较短；加上产品开发都有计划性，加班的情况也比较少；同时因为产品开发的延续性，嵌入式软件工程师可以做很长时间，越有经验就越受企业欢迎。

任务 2　定时器中断控制 LED 灯

3.2.1　任务分析

1. 任务描述

利用 STM32 实现对 LED0、LED1 的闪烁频率的控制（LED0 每 0.2 s 亮灭一次，LED1 每 1 s 亮灭一次），设计硬件电路，编写控制程序并进行系统调试。

2. 任务目标

（1）培养安全意识、精益求精精神；

（2）培养担当精神；

（3）操作规范，符合 6S 管理要求；

（4）具备自主探究、勤学好问的态度；

（5）了解 STM32 定时器的分类和内部结构；

（6）掌握 STM32 定时器编程相关的寄存器和库函数；

（7）会使用 TIM 定时器完成定时的程序设计。

3.2.2　任务实施规划

定时器中断控制 LED 灯如图 3.4 所示。

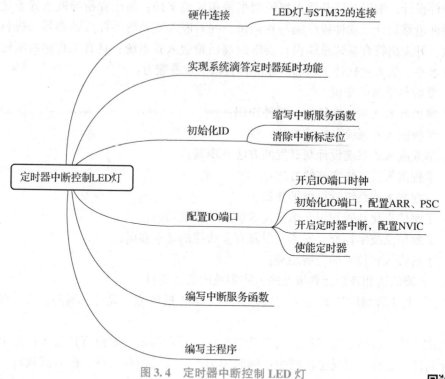

图 3.4　定时器中断控制 LED 灯

3.2.3　知识链接

1. 认识 STM32 定时器

在 STM32 中有很多定时器，可以分成两大类：

（1）内核中的 SysTick（系统滴答）定时器；

（2）STM32 的常规定时器。

STM3 的常规定时器又包括高级控制定时器（TIM1 和 TIM8）、通用定时器（TIMx：TIM2 ~ TIM5）和基本定时器（TIM6 和 TIM7）3 种。3 种 STM32 定时器的区别见表 3.9。

表 3.9　3 种 STM32 定时器的区别

定时器种类	位数	计数器模式	产生DMA请求	捕获/比较通道	互补输出	特殊应用场景
高级定时器（TIM1、TIM8）	16	向上、向下、向上/向下	可以	4	有	带死区控制盒紧急刹车，可应用于 PWM 电动机控制
通用定时器（TIM2 ~ TIM5）	16	向上、向下、向上/向下	可以	4	无	定时计数，PWM 输出、输入捕获，输出比较
基本定时器（TIM6、TIM7）	16	向上、向下、向上/向下	可以	0	无	主要应用于驱动 DAC

2. STM32 通用定时器

STM32 的通用定时器（TIMx：TIM2 ~ TIM5）是由一个通过可编程预分频器（PSC）驱动的 16 位自动装载计数器（CNT）构成的，适用于多种场合，可以被用于测量输入信号的脉冲长度（输入捕获）或者产生输出波形（输出比较和 PWM）等。使用定时器预分频器和 RCC 时钟控制器预分频器，脉冲长度和波形周期可以在几个微秒到几个毫秒间调整。STM32 的每个通用定时器都是完全独立的，没有互相共享的任何资源。

STM32F103 系列微控制器的通用 TIMx（TIM2、TIM3、TIM4 和 TIM5）定时器功能包括：

（1）16 位向上、向下、向上/向下自动装载计数器（TIMx_CNT）。

（2）16 位可编程（可以实时修改）预分频器（TIMx_PSC），计数器时钟频率的分频系数为 1 ~ 65 535 的任意数值。

（3）4 个独立通道（TIMx_CH1 ~ 4），这些通道可以用来作为：

①输入捕获；

②输出比较；

③PWM 生成（边缘或中间对齐模式）；

④单脉冲模式输出。

通用定时器工作过程如图 3.5 所示。

3. 定时器的时钟源

在嵌入式系统中，定时器依靠时钟源完成定时功能。由图 3.6 可知，定时器 TIM2 的时钟源来自 APB1 外设时钟源。在系统时钟初始化的时候，已经通过 PLL 锁相环将系统时钟配置成 72 MHz。AHB 总线频率是 72 MHz。

通用定时器的时钟不是直接来自 APB1 或 APB2，而是来自输入为 APB1 或 APB2 的一个倍频器 TIMx_Multiplier。通用定时器 TIMx（x = 2，3，4，5）连接在 APB1（最大时钟是 36 MHz）上，需经过 TIMx_Multiplier 倍频（X1 或 X2）后，才能产生定时器 TIMx 的时钟 TIMxCLK。由此可见，APB2 时钟最大是 72 MHz，APB1 时钟最大是 36 MHz。

为什么 APB1 时钟最大是 36 MHz 呢？这是因为 APB1 上连接的设备有电源接口、CAN、USB、窗口看门狗、TIM2、TIM3、TIM4 等，这些属于低频外设，故为保证其他外设使用较低时钟频率时，TIMx 仍能有较高的时钟频率，APB1 的预分频系数为 2，APB1 总线频率为 36 MHz。

定时器的时钟频率计算方法示意如图 3.7 所示。当 APB1 的分频系数为 1 的时候，X1（即 1 倍）输出，倍频器 TIMx_Multiplier 不起作用（因为不能高于 AHB 频率，故只能为 1），此时定时器的时钟频率等于 APB1 的频率；当 APB1 的分频系数为 2、4、8 或 16 的时候，倍频器 TIMx_Multiplier 产生倍频 X2（即 2 倍）输出，此时定时器的时钟频率等于 APB1 频率的 2 倍。

注意：默认调用 SystemInit( ) 函数的情况下，

SYSCLK = 72 MHz

AHB 时钟 = 72 MHz

APB1 时钟 = 36 MHz

则 APB1 的分频系数 = AHB/APB1 时钟 = 2，通用定时器时钟 CK_INT = 2 × 36 MHz = 72 MHz。

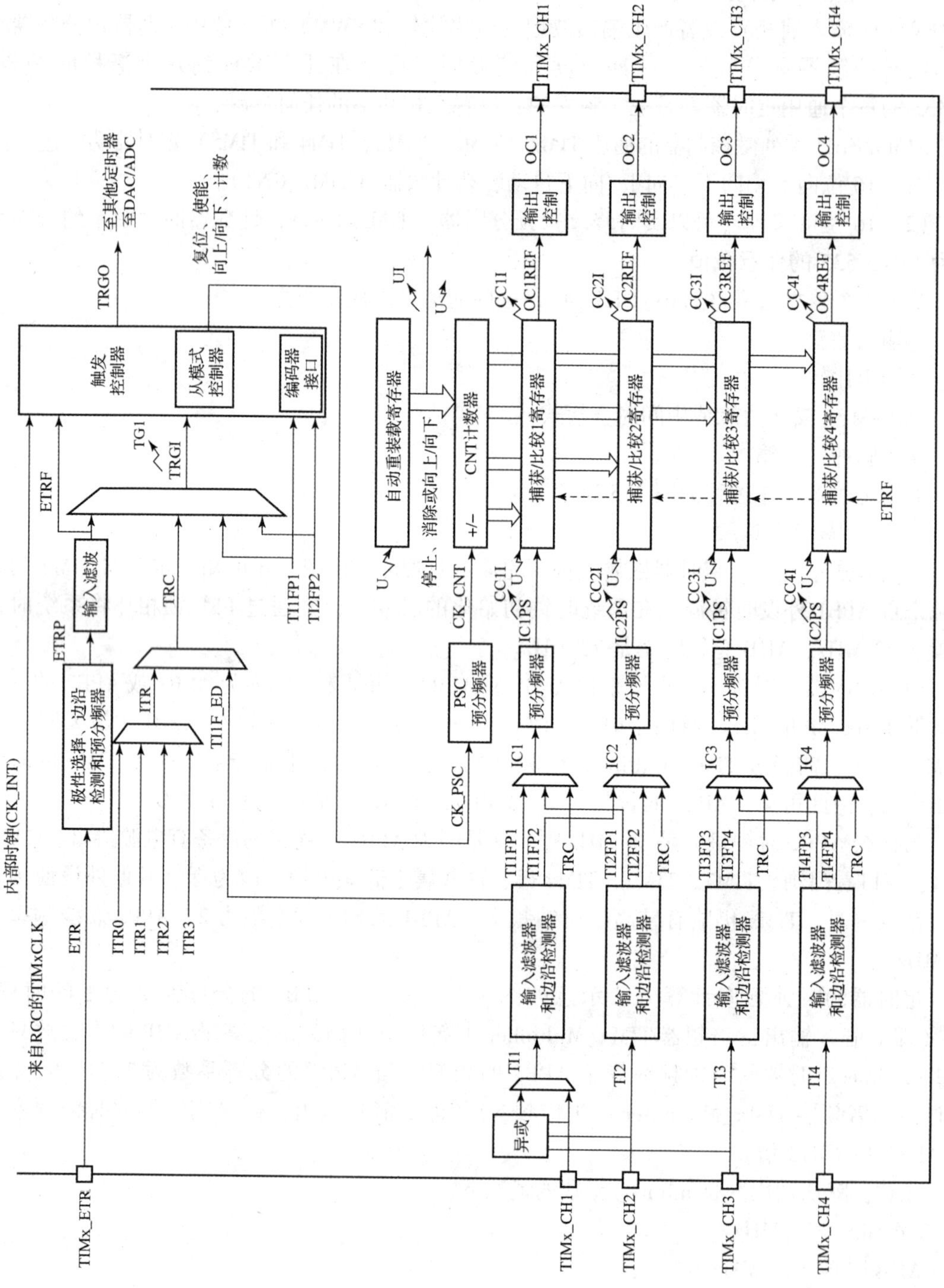

图 3.5 通用定时器工作过程

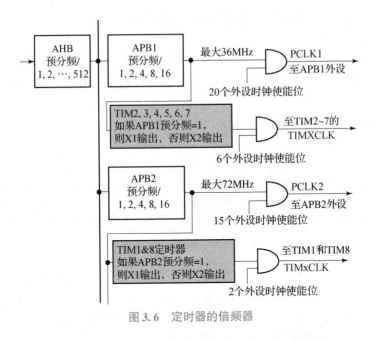

图 3.6　定时器的倍频器

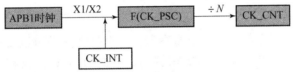

图 3.7　定时器的时钟频率计算方法示意

4. 定时器的计数模式

STM32F1 的定时器的计数器模式有：向上计数、向下计数、对心对齐（向上/向下双向计数）3 种模式，如图 3.8 所示。

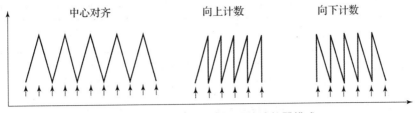

图 3.8　STM32F1 的定时器的计数器模式

1）向上计数模式

计数器从 0 计数到自动加载值（TIMx_ARR），然后重新从 0 开始计数并产生一个计数器溢出事件。

2）向下计数模式

计数器从自动装入的值（TIMx_ARR）开始向下计数到 0，然后从自动装入的值重新开始，并产生一个计数器向下溢出事件。

3）中央对齐（向上/向下双向计数）模式

计数器从 0 开始计数到自动装入的值 -1，产生一个计数器溢出事件，然后向下计数到 1 并产生一个计数器溢出事件，然后从 0 开始重新计数。在此模式下，不能写入 TIMx_CR1

中的 DIR 方向位，其由硬件更新并指示当前的计数方向。

5. 定时器相关寄存器

可编程通用定时器的主要部分是一个 16 位计数器和其相关的自动装载寄存器。这个计数器可以向上计数、向下计数，或者向上/向下双向计数。计数器的时钟由预分频器分频得到。

1）自动重装载寄存器（TIMx_ARR）

具体见图 3.9 和表 3.10。

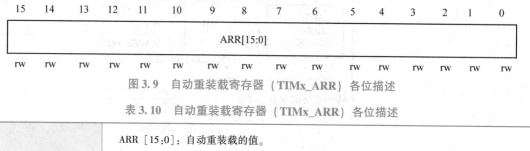

图 3.9　自动重装载寄存器（TIMx_ARR）各位描述

表 3.10　自动重装载寄存器（TIMx_ARR）各位描述

位 15：0	ARR [15:0]：自动重装载的值。 ARR 包含了将要传送至实际的自动重装载寄存器的数值。 当自动重装载值为空时，计数器不工作

该寄存器在物理上实际对应着两个寄存器。一个是程序员可以直接操作的，另外一个是程序员看不到的影子寄存器（真正起作用的）。根据 TIMx_CR1 寄存器中 APRE 位的设置：APRE =0 时，预装载寄存器的内容可以随时传送到影子寄存器，此时两者是连通的；APRE = 1 时，在每一次更新事件（UEV）时，才把预装在寄存器中的内容传送到影子寄存器。

2）预分频寄存器（TIMx_PSC）

具体见图 3.10 和表 3.11。

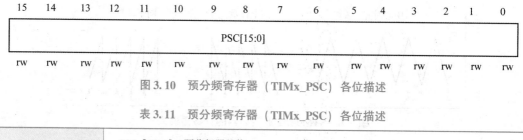

图 3.10　预分频寄存器（TIMx_PSC）各位描述

表 3.11　预分频寄存器（TIMx_PSC）各位描述

位 15：0	PSC [15:0]：预分频器的值。 计数器的时钟频率 CK_CNT 等于 f_{ck_psc}/PSC [15:0] +1。 PSC 包含了当前更新事件产生时装入当前预分频器寄存器的值

定时器的时钟来源有 4 个：

（1）内部时钟（CK_INT）；

（2）外部时钟模式 1：外部输入脚（TIx）；

（3）外部时钟模式 2：外部触发输入（ETR）。

（4）内部触发输入（ITRx）：使用 A 定时器作为 B 定时器的预分频器（A 为 B 提供时

钟）。通过 TIMx_SMCR 寄存器的相关位设置和选择相应的时钟。这里的 CK_INT 时钟是从 APB1 倍频得来的，除非 APB1 的时钟分频数设置为 1，否则通用定时器 TIMx 的时钟是 APB1 时钟的 2 倍，当 APB1 的时钟不分频的时候，通用定时器 TIMx 的时钟就等于 APB1 的时钟。

注意：高级定时器的时钟不是来自 APB1，而是来自 APB2。

3）控制寄存器 1（TIMx_CR1）

具体见图 3.11 和表 3.12。

15	14	13	12	11	10	9	8	7	6	5	4	3	2	1	0
保存						CKD[1:0]		ARPE	CMS[1:0]		DIR	OPM	URS	UDIS	CEN
rw	rw	rw	rw	rw	rw	rw	rw	rw	rw	rw	rw	rw	rw	rw	rw

图 3.11　控制寄存器 1（TIMx_CR1）各位描述

表 3.12　控制寄存器 1（TIMx_CR1）各位描述

位 9：8	CKD［1：0］：时钟分频因子（Clock division） 定义在定时器时钟（CK_INT）频率与数字滤波器（ETR，TIx）使用的采样频率之间的分频比例。 00：tDTS = tCK_INT 01：tDTS = 2 x tCK_INT 10：tDTS = 4 x tCK_INT 11：保留
位 6：5	CMS［1：0］：选择中央对齐模式（Center – aligned mode selection） 00：边沿对齐模式。计数器依据方向位（DIR）向上或向下计数。 01：中央对齐模式 1。计数器交替地向上和向下计数。配置为输出的通道（TIMx_CCMRx 寄存器中 CCxS = 00）的输出比较中断标志位，只在计数器向下计数时被设置。 10：中央对齐模式 2。计数器交替地向上和向下计数。配置为输出的通道（TIMx_CCMRx 寄存器中 CCxS = 00）的输出比较中断标志位，只在计数器向上计数时被设置。 11：中央对齐模式 3。计数器交替地向上和向下计数。配置为输出的通道（TIMx_CCMRx 寄存器中 CCxS = 00）的输出比较中断标志位，在计数器向上和向下计数时均被设置。 注：在计数器开启时（CEN = 1），不允许从边沿对齐模式转换到中央对齐模式。
位 4	DIR：方向（Direction） 0：计数器向上计数； 1：计数器向下计数。 注：当计数器配置为中央对齐模式或编码器模式时，该位为只读。
位 0	CEN：使能计数器 0：禁止计数器； 1：使能计数器 注：在软件设置了 CEN 位后，外部时钟、门控模式和编码器模式才能工作。触发模式可以自动地通过硬件设置 CEN 位。 在单脉冲模式下，当发生更新事件时，CEN 被自动清除。

TIMx_CR1 的最低位是计数器使能位，该位必须置 1，才能让定时器开始计数。第 4 位 DIR 默认的计数方式是向上计数，同时也可以向下计数，第 5、6 位是设置计数对齐方式的。从第 8 位和第 9 位可以看出，可以设置定时器的时钟分频因子为 1，2，4。

4）DMA/中断使能寄存器（TIMx_DIER）

具体见图 3.12 和表 3.13。

15	14	13	12	11	10	9	8	7	6	5	4	3	2	1	0
保留	TDE	保留	CC4DE	CC3DE	CC2DE	CC1DE	UDE	保留	TIE	保留	CC4IE	CC3IE	CC2IE	CC1IE	UIE
	rw	rw	rw	rw	rw	rw	rw		rw	rw	rw	rw	rw	rw	rw

图 3.12　DMA/中断使能寄存器（TIMx_DIER）各位描述

表 3.13　DMA/中断使能寄存器（TIMx_DIER）各位描述

位 5	保留，始终为 0
位 4	CC4IE：允许捕获/比较 4 中断。 0：禁止捕获/比较 4 中断； 1：允许捕获/比较 4 中断。
位 3	CC3IE：允许捕获/比较 3 中断。 0：禁止捕获/比较 3 中断； 1：允许捕获/比较 3 中断
位 2	CC2IE：允许捕获/比较 2 中断。 0：禁止捕获/比较 2 中断； 1：允许捕获/比较 2 中断
位 1	CC1IE：允许捕获/比较 1 中断。 0：禁止捕获/比较 1 中断； 1：允许捕获/比较 1 中断
位 0	UIE：允许更新中断。 0：允许更新中断； 1：禁止更新中断

　　它是 16 位寄存器，第 0 位是更新中断允许位，本任务用到的是定时器的更新中断，所以该位要设置为 1，即允许更新事件所产生的中断。

　　5）状态寄存器（TIMx_SR）

　　具体见图 3.13 和表 3.14。

15	14	13	12	11	10	9	8	7	6	5	4	3	2	1	0
	保留		CC4OF	CC3OF	CC2OF	CC1OF		保留		TIE	保留	CC4IF	CC3IF	CC2IF	CC1IF	UIF
			rc w0	rc w0	rc w0	rc w0				rc w0		rc w0	rc w0	rc w0	rc w0	rc w0

图 3.13　状态寄存器（TIMx_SR）各位描述

表 3.14　状态寄存器（TIMx_SR）各位描述

位 0	UIF：更新中断标记。 当产生更新事件时，该位由硬件置 1。它由软件清零。 0：无更新事件产生； 1：更新中断等待响应。当寄存器被更新时该位由硬件置 1。 —若 TIMx_CR1 寄存器的 UDIS = 0，URS = 0，当 TIMx_EGR 寄存器的 UG = 1 时产生更新事件； —若 TIMx_CR1 寄存器的 UDIS = 0，URS = 0，当计数器 CNT 被触发事件重初始化时产生更新事件

状态寄存器（TIMx_SR）用来标记当前与定时器相关的各种事件/中断是否发生。只要对以上几个寄存器进行简单的设置，就可以使用通用定时器，并可以产生中断。

定时器中断库
函数的使用

6. STM32 定时器相关的库函数

定时器相关的库函数主要集中在标准外设库文件 "stm32f10x_tim. h" 和 "stm32f10x_tim. c" 文件中。产生中断的步骤（用库函数实现，以 TIM3 为例）如下。

1）时钟使能

TIM3 挂载在 APB1 之下，所以通过 APB1 总线下的使能函数来使能 TIM3。调用的函数是：

```
RCC_APB1PeriphClockCmd(RCC_APB1Periph_TIM3,ENABLE);//时钟使能
```

2）初始化定时器参数，设置自动重装值、分频系数、计数方式等

在库函数中，定时器的初始化参数是通过初始化函数 TIM_TimeBaseInit( )实现的。

函数原型：void TIM_TimeBaseInit(TIM_TypeDef * TIMx,
                TIM_TimeBaseInitTypeDef * TIM_TimeBaseInitStruct);

功能：初始化定时器的自动重装值、分频系数、计数方式等参数；

参数1：确定定时器 TIMx；

参数2：定时器初始化参数结构体指针。

TIM_TimeBaseInitTypeDef 结构体的定义为：

```
typedef struct
{
        uint16_t TIM_Prescaler;
        uint16_t TIM_CounterMode;
        uint16_t TIM_Period;
        uint16_t TIM_ClockDivision;
        uint8_t TIM_RepetitionCounter;
}TIM_TimeBaseInitTypeDef;
```

参数 TIM_Prescaler：用来设置预分频值，取值范围为 0～65 535。

参数 TIM_CounterMode：用来设置计数方式，其取值见表 3.15。

表 3.15 参数 TIM_CounterMode 的取值

TIM_CounterMode	描述
TIM_CounterMode_Up	TIM 向上计数模式
TIM_CounterMode_Down	TIM 向下计数模式
TIM_CounterMode_CenterAligned1	TIM 中央对齐模式 1 计数模式
TIM_CounterMode_CenterAligned2	TIM 中央对齐模式 2 计数模式
TIM_CounterMode_CenterAligned3	TIM 中央对齐模式 3 计数模式

参数 TIM_Period：用来设置自动重载计数周期值，取值范围为 0～65 535。

参数 TIM_ClockDivision：用来设置时钟分割值，其取值见表 3.16。

表 3.16 参数 TIM_ClockDivision 的取值

TIM_ClockDivision	描述
TIM_CKD_DIV1	TDTS = Tck_tim
TIM_CKD_DIV2	TDTS = 2Tck_tim
TIM_CKD_DIV4	TDTS = 4Tck_tim

变量 TIM_RepetitionCounter：用来设置重复计数的次数，即重复溢出多少次才出现一次溢出中断，只有高级定时器才需要配置。

定时器的定时时间主要取决于定时周期和预分配因子，其计算方法如下：

$$T = (TIM\_Period + 1)(TIM\_Prescaler + 1)/TIMxCLK$$

针对 TIM3 初始化的范例为：

```
TIM_TimeBaseInitTypeDef   TIM_TimeBaseStructure;
TIM_TimeBaseStructure.TIM_Period =35999;
TIM_TimeBaseStructure.TIM_Prescaler =1999;
TIM_TimeBaseStructure.TIM_ClockDivision =TIM_CKD_DIV1;
TIM_TimeBaseStructure.TIM_CounterMode =TIM_CounterMode_Up;
TIM_TimeBaseInit(TIM3,&TIM_TimeBaseStructure);
```

TIM3 的定时时间 T =（TIM_Period + 1）（TIM_Prescaler + 1）/TIMxCLK =（35 999 + 1）（1 999 + 1）/72 MHz = 1 s，即 1 s 溢出一次。

例如：程序要求通过定时器中断配置，每 500 ms 中断一次，然后中断服务函数控制 LED 灯实现 LED1 状态取反（闪烁），则

Tout（溢出时间）=（TIM_Period + 1）（TIM_Prescaler + 1）/TIMxCLK

即

$$TIM\_Period(ARR \text{ 计数值}) = Tout \times TIMxCLK/(TIM\_Prescaler + 1) - 1$$
$$= 0.5 \times 72 \text{ MHz}/(1\ 999 + 1) - 1 = 17\ 999$$

3）设置 TIMx_DIER 允许更新中断

要使用 TIMx 的更新中断，寄存器的相应位置即可使能更新中断。在库函数中定时器中断使能是通过 TIM_ITConfig() 函数来实现的

函数原型：void TIM_ITConfig(TIM_TypeDef * TIMx,u16 TIM_IT, FunctionalState NewState);

功能：使能或禁止定时器中断（设置 TIMx_DIER 允许更新中断）；

参数 1：所用的定时器 TIMx；

参数 2：用来指明使能的定时器中断的类型；

参数 3：设置是否使能。

TIM_IT 的取值见表 3.17。

表 3.17 TIM_IT 的取值

TIM_IT	描述
TIM_IT_Update	描述
TIM_IT_CC1	TIM 捕获/比较 1 中断源
TIM_IT_CC2	TIM 捕获/比较 2 中断源
TIM_IT_CC3	TIM 捕获/比较 3 中断源
TIM_IT_CC4	TIM 捕获/比较 4 中断源
TIM_IT_Trigger	TIM 触发中断源

例如，使能 TIM3 的更新中断，格式为：

```
TIM_ITConfig(TIM3,TIM_IT_Update,ENABLE);
```

4）中断优先级设置

在定时器中断使能之后，因为要产生中断，必不可少地要设置 NVIC 相关寄存器，设置中断优先级，在 NVIC_Init( )函数中实现。

5）使能 TIMx

配置完后要开启定时器，在标准外设函数库中使能定时器是通过 TIM_Cmd( )函数实现。

函数原型：void TIM_Cmd(TIM_TypeDef * TIMx,FunctionalState NewState)；

功能：开启（启动）定时器；

参数 1：开启哪个定时器 TIMx；

参数 2：是否开启（ENABLE 或者 DISABLE）。

例如，使能 TIM3 定时器，格式为：

```
TIM_Cmd(TIM3,ENABLE);
```

6）编写中断服务函数

编写定时器中断服务函数，通过该函数处理定时器产生的相关中断。在中断产生后，通过状态寄存器的值判断此次产生的中断属于什么类型，然后执行相关操作，这里使用的是更新（溢出）中断，所以在状态寄存器 SR 的最低位。在处理完中断之后应该向 TIM3_SR 的最低位写 0，以清除该中断标志。

定时器中断服务函数有：

(1)TIM2_IRQHandler( );

(2)TIM3_IRQHandler( );

(3)TIM4_IRQHandler( );

(4)TIM5_IRQHandler( );

(5)TIM6_IRQHandler( );

(6)TIM7_IRQHandler( )。

在标准外设库函数中，用来读取中断状态寄存器的值判断中断类型的函数是 TIM_
GetITStatus( )。

函数原型：ITStatus TIM_GetITStatus(TIM_TypeDef * TIMx,u16 TIM_IT);

功能：判断定时器中断是否发生；

参数 1：所用的定时器；

参数 2：指定的定时器中断源；

返回值：EXTI_Line 的新状态（SET 或者 RESET）。

例如，判断定时器 3 是否发生更新（溢出）中断，格式为：

```
if(TIM_GetITStatus(TIM3,TIM_IT_Update)!=RESET){}
```

标准外设函数库中清除中断标志位的函数是 TIM_ClearITPendingBit( )。

函数原型：void TIM_ClearITPendingBit(TIM_TypeDef * TIMx,u16 TIM_IT);

函数功能：清除定时器标志位；

参数 1：所用的定时器；

参数 2：待清除的定时器中断源。

例如，在 TIM3 的溢出中断发生后，清除中断标志位，格式为：

```
TIM_ClearITPendingBit(TIM3,TIM_IT_Update);
```

以定时器 3 为例，常用定时器中断服务函数格式为：

```
void TIM3_IRQHandler(void)
{
        if(TIM_GetITStatus(TIM3,TIM_IT_Update)!=RESET)
            //判断某个定时器中断是否发生
        {
            //中断逻辑……
            TIM_ClearITPendingBit(TIM3,TIM_IT_Update);
            //清除中断标志位
        }
}
```

3.2.4 任务实施

1. 硬件连接

硬件连接原理图如图 3.14 所示。

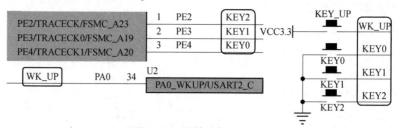

图 3.14　硬件连接原理图

由原理图分析电路的连接关系。

2. 实现定时器延时

3. 初始化

步骤一：初始化 I/O 端口（LED_Init）。

步骤二：定时器初始化函数。

（1）使能定时器时钟。

（2）初始化定时器，配置 ARR、PSC。

（3）开启定时器中断，配置 NVIC。

（4）使能定时器。

步骤三：编写中断服务函数。

4. 主程序 "main. c"

5. 运行调试

编译程序，如有错误可根据报错信息进行调试，直至没有错误提示为止，然后将程序下载到开发板中运行，观察 LED0 的亮灭情况，若与任务要求不一致，则重新调试程序。

任务评分表

任务 2 的任务评分表见表 3.18。

表 3.18　任务 2 的任务评分表

班级		姓名		学号		小组	
学习任务名称							
自我评价	1	遵循 6S 管理				□符合	□不符合
	2	不迟到、不早退				□符合	□不符合
	3	能独立完成工作页的填写				□符合	□不符合
	4	具有独立信息检索能力				□符合	□不符合
	5	小组成员分工合理				□符合	□不符合
	6	能制定合理的任务实施计划				□符合	□不符合
	7	能正确使用工具及设备				□符合	□不符合
	8	自觉遵守安全用电规划				□符合	□不符合
	学习效果自我评价等级： 评价人签名：					□优秀　□良好 □合格　□不合格	

嵌入式技术及应用开发（STM32版）

班级		姓名		学号		小组	
学习任务名称							
小组评价	1	具有安全意识和环保意识				☐能	☐不能
	2	遵守课堂纪律，不做与课程无关的事情				☐能	☐不能
	3	清晰表达自己的观点，且正确合理				☐能	☐不能
	4	积极完成所承担的工作任务				☐是	☐否
	5	任务是否按时完成				☐是	☐否
	6	自觉维护教学仪器设备的完好性				☐是	☐否
	学习效果小组评价等级： 小组评价人签名：					☐优秀 ☐良好 ☐合格 ☐不合格	
教师评价	1	能进行学习准备				☐能	☐不能
	2	课堂表现				☐优秀 ☐良好 ☐合格 ☐不合格	
	3	任务实施计划合理				☐是	☐否
	4	硬件连接				☐是	☐否
	5	定时器延时				☐优秀 ☐良好 ☐合格 ☐不合格	
	6	初始化				☐优秀 ☐良好 ☐合格 ☐不合格	
	7	中断服务函数				☐优秀 ☐良好 ☐合格 ☐不合格	
	8	主函数实现				☐优秀 ☐良好 ☐合格 ☐不合格	
	9	编译下载				☐优秀 ☐良好 ☐合格 ☐不合格	
	10	展示汇报				☐优秀 ☐良好 ☐合格 ☐不合格	
	11	6S管理				☐符合	☐不符合
	教师评价等级： 评语： 指导教师：					☐优秀 ☐良好 ☐合格 ☐不合格	
学生综合成绩评定：						☐优秀 ☐良好 ☐合格 ☐不合格	

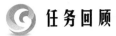

任务回顾

1. STM3 的常规定时器包括_____、_____和_____ 3 种。

2. APB2 时钟最大是_____，APB1 时钟最大是_____。

3. 当 APB1 的分频系数为 2、4、8 或 16 的时候，倍频器 TIMx_Multiplier 产生倍频（X2）输出，此时定时器的时钟频率等于 APB1 频率的_____倍。

4. STM32F103 系列微控制器的定时器的计数器模式有：_____、_____、和_____ 3 种。

5. 以定时器 TIM2 为例，常用定时器中断服务函数格式如何实现？

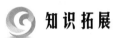

任务拓展

1. 用定时器 TIM2 控制 LED0 的闪烁周期为 0.2 s，用定时器 TIM3 控制 LED1 的闪烁周期为 1 s，如何实现？

2. 利用红外探测器（IR LED 探测器）发射频率实现距离探测。

知识拓展

SysTick 定时器

SysTick 定时器也叫作 SysTick 滴答定时器，它是 Cortex – M3 内核的一个外设，被嵌入 NVIC。它是一个 24 位向下递减（倒计数）的定时器，每计数一次所需时间为 1/SYSTICK，SYSTICK 是系统定时器时钟，它可以直接取系统时钟，还可以通过系统时钟 8 分频后获取。

当计数到 0 时，SysTick 定时器将从 RELOAD 寄存器中自动重装载定时初值，开始新一轮计数，如此循环往复。只要不把它在 SysTick 控制及状态寄存器中的使能位清除，它就永不停息。利用 STM32 的内部 SysTick 定时器实现延时，既不占用中断，也不占用系统定时器。

如果开启 SysTick 中断，当定时器计数到 0 时，将产生一个中断信号，闪此只要知道计数的次数就可以准确得到它的延时时间。

所有基于 Cortex – M3 内核的处理其都带有 SysTick 定时器，故 SysTick 定时器编写的代码在移植到同样使用 Cortex – M3 内核的不同器件时，不需要进行修改。

SysTick 定时器的操作可以分为 4 步：

（1）设置 SysTick 定时器的时钟源；

（2）设置 SysTick 定时器的重装初始值（如果要使用中断，就将中断使能打开）；

（3）SysTick 定时器当前计数器的值将清零；

（4）打开 SysTick 定时器。

任务 3　PWM 脉宽调制的设计与实现

3.3.1　任务分析

1. 任务描述

利用 STM32 中的 TIM3 进行 PWM 脉宽调制，得到一个周期是 1 s、占空比是 50% 的波形，通过 LED0 观察该波形。

用 STM32 的定时器控制 LED 灯有些大材小用，其重要的应用是产生 PWM 波进行脉冲调制，常用于电动机控制和电力电子应用。

2. 任务目标

（1）培养安全意识；

（2）培养担当精神；

（3）操作规范，符合 6S 管理要求；

（4）具备自主探究、勤学好问的态度；

（5）掌握 PWM 相关库函数的使用方法；

（6）会利用 STM32 定时器实现 PWM 输出的编程方法。

3.3.2　任务实施规划

PWM 脉宽调制的设计与实现如图 3.15 所示。

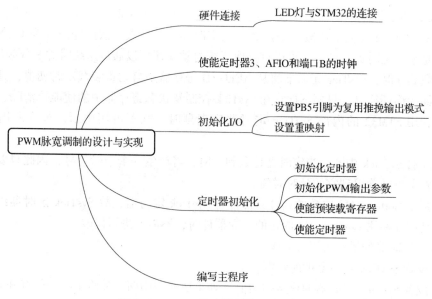

图 3.15　PWM 脉宽调制的设计与实现

端口重映射　　PWM 工作流程

3.3.3　知识链接

1. PWM 简介

PWM 是英文 "Pulse Width Modulation" 的缩写，简称脉宽调制，是利用微处理器的数字输出对模拟电路进行控制的一种非常有效的技术。PWM 技术是靠改变脉冲宽度来控制输出电压的，而输出频率的变化可通过改变此脉冲的调制周期来实现，以等效地获得所需要的波形（含形状和幅值）。调压和调频两个作用配合一致，即可实现可变电压、可变频率（Variable Voltage and Variable Frequency，VVVF）。PWM 示意如图 3.16 所示。

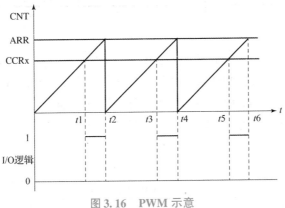

图 3.16　PWM 示意

假设定时器工作在向上计数 PWM 模式，且当 CNT < CCRx 时，输出 0，当 CNT ≥ CCRx 时，输出 1。那么就可以得到如上 PWM 示意：当 CNT 值小于 CCRx 的时候，I/O 输出低电平（0），当 CNT 值大于等于 CCRx 的时候，I/O 输出高电平（1），当 CNT 达到 ARR 值的时候，重新归零，然后重新向上计数，依次循环。改变 CCRx 的值，就可以改变 PWM 输出的占空比，改变 ARR 的值，就可以改变 PWM 输出的频率，这就是 PWM 输出的原理。

STM32 的定时器除了 TIM6 和 TIM7，其他定时器都可以用来产生 PWM 输出。其中高级定时器 TIM1 和 TIM8 可以同时产生多达 7 路的 PWM 输出。而通用定时器也能同时产生多达4 路的 PWM 输出，这样，STM32 最多可以同时产生 30 路 PWM 输出，本任务仅使用 TIM3的 CH2 产生一路 PWM 输出。

2. PWM 相关寄存器

控制 PWM 的寄存器有 3 个，分别是：捕获/比较模式寄存器（TIMx_CCMR1/2）、捕获/比较使能寄存器（TIMx_CCER）、捕获/比较寄存器（TIMx_CCR1~4）。

捕获/比较模式寄存器（TIMx_CCMR1/2）：该寄存器总共有 2 个，即 TIMx_CCMR1 和TIMx_CCMR2。TIMx_CCMR1 控制 CH1 和 CH2，而 TIMx_CCMR2 控制 CH3 和 CH4。该寄存器的各位描述如图 3.17 所示。

15	14	13	12	11	10	9	8	7	6	5	4	3	2	1	0
2CE	OC2M[2:0]			OC2PE	OC2FE	CC2S[1:0]		OC1CE	OC1M[2:0]			OC1PE	OC1FE	CC1S[1:0]	
IC2F[3:0]				IC2PSC[1:0]				IC1F[3:0]				IC1PSC[1:0]			
rw	rw	rw	rw	rw	rw	rw	rw	rw	rw	rw	rw	rw	rw	rw	rw

图 3.17　捕获/比较模式寄存器各位描述

该寄存器的有些位在不同模式下，功能不一样，所以在图中把寄存器分成了两层，上面一层对应输出，下面一层则对应输入。模式设置位 OCxM，此部分由 3 位组成，总共可以配置成 7 种模式，本任务使用的是 PWM 模式 1 或 PWM 模式 2，所以这 3 位必须设置为 110/111。这两种 PWM 模式的区别就是输出电平的极性相反。

捕获/比较使能寄存器（TIMx_CCER）：该寄存器控制各个输入/输出通道的开关。该寄存器的各位描述如图 3.18 所示。

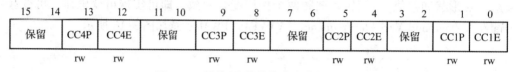

图 3.18　捕获/比较使能寄存器各位描述

该寄存器比较简单，本任务用到的是 TIM3 的 CH2 通道，只用到了 CC2E 位，该位是输入/捕获 2 输出使能位，要想 PWM 从 I/O 端口输出，这个位必须设置为 1。

捕获/比较寄存器（TIMx_CCR1 ~ 4）：该寄存器总共有 4 个，对应通道 CH1 ~ CH4。因为这 4 个寄存器都差不多，接下来以 TIMx_CCR1 为例介绍。该寄存器的各位描述见图 3.19 和表 3.19。

图 3.19　捕获/比较寄存器各位描述

表 3.19　捕获/比较寄存器各位描述

位 15：0	CCR1 [15:0]：捕获/比较 1 的值。 若 CC1 通道配置为输出： CCR1 包含了装入当前捕获/比较 1 寄存器的值（预装载值）。 如果在 TIMx_CMR1 寄存器（OC1PE 位）中未选择预装载特性，写入的数值会立即传输至当前寄存器中。否则，只有当更新事件发生时，此预装载值才传输至当前捕获/比较 1 寄存器中。 当前捕获/比较 1 寄存器参与同计数器 TIMx_CNT 的比较，并在 OC1 端口上产生输出信号。 若 CC1 通道配置为输入： CCR1 包含了由上一次输入捕获 1 事件（IC1）传输的计数器值

在输出模式下，该寄存器的值与 CNT 的值比较，根据比较结果产生相应动作。通过修改这个寄存器的值，可以控制 PWM 的输出脉宽。例如：使用的是 TIM3 的通道 2，则需要修改 TIM3_CCR2。

STM32 的重映射控制是由复用重映射和调试 I/O 配置寄存器（AFIO_MAPR）控制的，该寄存器的各位描述如图 3.20 所示。

例如，需要用 TIM3_CH2 映射到 PB5 时，由 TIM3_REMAP 的［1:0］这两个位控制。TIM3_REMAP［1:0］重映射控制见表 3.20 所示。

15 14	13	12	11 10	9	8	7 6	5	4	3 2	1	0
保留	CC4P	CC4E	保留	CC3P	CC3E	保留	CC2P	CC2E	保留	CC1P	CC1E
	rw	rw		rw	rw		rw	rw		rw	rw

31 30 29	28 27 26 25	24 23 22	21	20	19	18	17	16
保留	SWJ_CFG[2:0]	保留	ADC2_E TRGREG REMAP	ADC2_E TRGINJ_ REMAP	ADC1_E TRGREG REMAP	ADC1_E TRGINJ_ REMAP	TIM5CH 4_TREM AP	
	w w w							

15	14 13	12	11 10	9 8	7 6	5 4	3	2	1	0
PD01_REMAP	CAN_REMAP[1:0]	TIM4_REMAP	TIM3_REMAP[1:0]	TIM2_REMAP[1:0]	TIM1_REMAP[1:0]	USART3_REMA PTIM3_REMAP[1:0]	USART2_REMAP	USART1_REMAP	I2C1_REMAP	SPI1_REMAP
rw	rw rw	rw	rw rw	rw rw	rw rw	rw rw	rw	rw	rw	rw

图 3.20　复用重映射和调试 I/O 配置寄存器各位描述

表 3.20　TIM3_REMAP[1:0]重映射控制

复用功能	TIM3_REMAP [1:0]=00 （没有重映像）	TIM3_REMAP [1:0]=10 （部分重映像）	TIM3_REMAP [1:0]=11 （完全重映像）
TIM3_CH1	PA6	PB4	PC6
TIM3_CH2	PA7	PB5	PC7
TIM3_CH3	PB0		PC8
TIM3_CH4	PB1		PC9

在默认条件下，TIM3_REMAP[1:0]为00，是没有重映射的，所以 TIM3_CH1 ~ TIM3_CH4 分别接在 PA6、PA7、PB0 和 PB1 上。如果让 TIM3_CH2 映射到 PB5 上，则需要设置 TIM3_REMAP[1:0]=10，即部分重映射，注意，此时 TIM3_CH1 也被映射到 PB4 上。

3. STM32 PWM 工作过程

图 3.16 所示为向上计数：定时器重装载值为 ARR，比较值 CCRx，在 t 时刻对计数器值和比较值进行比较。如果计数器值小于 CCRx 值，输出低电平；如果计数器值大于 CCRx 值，输出高电平。

STM32 PWM 工作过程（以通道 1 为例）如图 3.21 所示。

CCR1：捕获/比较（值）寄存器设置比较值。

CCMR1：OC1M[2:0]位：在 PWM 方式下，用于设置 PWM 模式 1[110]或者 PWM 模式 2[111]。

CCER：CC1P 位：输入/捕获 1 输出极性（0：高电平有效，1：低电平有效）。

CCER：CC1E 位：输入/捕获 1 输出使能（0：关闭，1：打开）。

PWM 相关库函数

4. PWM 相关库函数

PWM 相关函数设置在库函数文件"stm32f10x_tim.h"和"stm32f10x_tim.c"中。

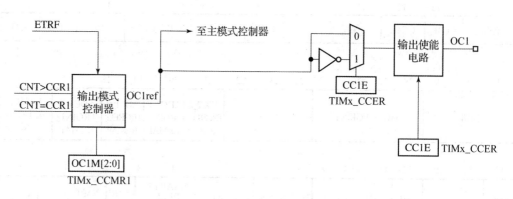

图 3.21   STM32 PWM 工作过程（以通道 1 为例）

1）函数 TIM_OCxInit( )

在库函数中，PWM 通道是通过函数 TIM_OC1Init( )～TIM_OC4Init( )来设置的，不同通道的设置函数不一样。

函数原型：`void TIM_OCxInit(TIM_TypeDef * TIMx,TIM_OCInitTypeDef * TIM_OCInitStruct);`

功能：根据 TIM_OCInitTypeDef 中指定的参数初始化外设 TIMx；

参数 1：要初始化的定时器 TIMx；

参数 2：结构 TIM_OCInitTypeDef 指针。

例如使用的是通道 2，相应的函数是 TIM_OC2Init( )，格式为：

```
void TIM_OC2Init(TIM_TypeDef * TIMx,TIM_OCInitTypeDef * TIM_
OCInitStruct);
```

其中，结构体 TIM_OCInitTypeDef 为：

```
typedef struct
{
    uint16_t TIM_OCMode;          //PWM 模式 1 或者模式 2
    uint16_t TIM_OutputState;     //输出使能或失能
    uint16_t TIM_OutputNState;
    uint16_t TIM_Pulse;
    uint16_t TIM_OCPolarity;      //比较输出极性
    uint16_t TIM_OCNPolarity;
    uint16_t TIM_OCIdleState;
    uint16_t TIM_OCNIdleState;
}TIM_OCInitTypeDef;
```

参数 TIM_OCMode：设置模式是 PWM 还是输出比较，其取值见表 3.21。

表 3.21 参数 TIM_OCMode 的取值

TIM_OCMode	描述
TIM_OCMode_Timing	TIM 输出比较时间模式
TIM_OCMode_Active	TIM 输出比较主动模式
TIM_OCMode_Inactive	TIM 输出比较非主动模式
TIM_OCMode_Toggle	TIM 输出比较触发模式
TIM_OCMode_PWM1	TIM 脉冲宽度调制模式 1
TIM_OCMode_PWM2	TIM 脉冲宽度调制模式 2

参数 TIM_OutputState：用来设置比较输出使能，也就是使能 PWM 输出到端口，取值为 TIM_OutputState_Disable(0)或 TIM_OutputState_Enable(1)。

参数 TIM_OCPolarity：用来设置极性是高还是低，其取值见表 3.22。

表 3.22 参数 TIM_OCPolarity 的取值

TIM_OCPolarity	描述
TIM_OCPolarity_High	TIM 输出比较极性高
TIM_OCPolarity_Low	TIM 输出比较极性低

其他参数 TIM_OutputNState、TIM_OCNPolarity、TIM_OCIdleState 和 TIM_OCNIdleState 是高级定时器 TIM1 和 TIM8 用到的。

例如：

```
TIM_OCInitStructure.TIM_OCMode = TIM_OCMode_PWM2;//PWM 模式 2
TIM_OCInitStructure.TIM_OutputState = TIM_OutputState_Enable;//比
较输出使能
TIM_OCInitStructure.TIM_OCPolarity = TIM_OCPolarity_High;//输出极
性:TIM 输出比较极性高
TIM_OC2Init(TIM3,&TIM_OCInitStructure);  //根据 T 指定的参数初始化外
设 TIM3 OC2
```

2) 函数 TIM_OC2PreloadConfig()

函数原型：void TIM_OC2PreloadConfig(TIM_TypeDef * TIMx,uint16_t TIM_OCPreload);

功能：用于使能输出比较预装载寄存器；

参数 1：定时器 TIMx；

参数 2：输出比较预装载状态，取值为：TIM_OCPreload_Enable 或 TIM_OCPreload_Disable。

3）函数 TIM_SetCompare2( )

函数原型：void TIM_SetCompareX(TIM_TypeDef * TIMx,uint16_t Compare2);

功能：用于设置 TIMx 捕获/比较 2 寄存器值（比较值）；

参数 1：定时器 TIMx；

参数 2：捕获/比较 2 寄存器新值。

3.3.4 任务实施

1. 硬件连接

实现 **PWM** 脉宽调制

2. TIM3_CH2 输出 PWM 来控制 LED0 亮灭

（1）开启 TIM3 时钟以及复用功能时钟，配置 PB5 为复用输出模式。

（2）设置 TIM3_CH2 重映射到 PB5 引脚。

（3）初始化 TIM3，设置 TIM3 的 ARR 和 PSC。

提示：TIM_TimeBaseInit( )。

（4）设置 TIM3_CH2 的 PWM 模式，使能 TIM3 的 CH2 输出。

提示：TIM_OC2Init( )。

（5）使能定时器 TIM3：TIM_Cmd( )。

（6）修改 TIM3_CCR2 来控制占空比。

提示：TIM_SetCompare2( )。

3. 主程序"main. c"

4. 运行调试

编译程序，如有错误可根据报错信息进行调试，直至没有错误提示为止，然后将程序下载到开发板中运行，观察 LED0 的亮灭情况，若与任务要求不一致，重新调试程序。

任务评分表

任务 3 的任务评分表见表 3.23。

表 3.23　任务 3 的任务评分表

班级			姓名		学号		小组	
学习任务名称								
自我评价	1		遵循 6S 管理				□符合	□不符合
	2		不迟到、不早退				□符合	□不符合
	3		能独立完成工作页的填写				□符合	□不符合
	4		具有独立信息检索能力				□符合	□不符合
	5		小组成员分工合理				□符合	□不符合
	6		能制定合理的任务实施计划				□符合	□不符合
	7		能正确使用工具及设备				□符合	□不符合
	8		自觉遵守安全用电规划				□符合	□不符合
	学习效果自我评价等级： 评价人签名：						□优秀　□良好 □合格　□不合格	
小组评价	1		具有安全意识和环保意识				□能	□不能
	2		遵守课堂纪律，不做与课程无关的事情				□能	□不能
	3		清晰表达自己的观点，且正确合理				□能	□不能
	4		积极完成所承担的工作任务				□是	□否
	5		任务是否按时完成				□是	□否
	6		自觉维护教学仪器设备的完好性				□是	□否
	学习效果小组评价等级： 小组评价人签名：						□优秀　□良好 □合格　□不合格	
教师评价	1		能进行学习准备				□能	□不能
	2		课堂表现				□优秀　□良好 □合格　□不合格	
	3		任务实施计划合理				□是	□否
	4		硬件连接				□是	□否
	5		定时器产生 PWM				□优秀　□良好 □合格　□不合格	

续表

班级		姓名		学号		小组	
学习任务名称							
教师评价	6	主函数实现				☐优秀 ☐良好 ☐合格 ☐不合格	
	7	编译下载				☐优秀 ☐良好 ☐合格 ☐不合格	
	8	展示汇报				☐优秀 ☐良好 ☐合格 ☐不合格	
	9	6S 管理				☐符合 ☐不符合	
教师评价等级：评语： 指导教师：						☐优秀 ☐良好 ☐合格 ☐不合格	
学生综合成绩评定：						☐优秀 ☐良好 ☐合格 ☐不合格	

任务回顾

1. 什么是脉冲宽度调制（PWM）？

2. 函数 TIM_OC2PreloadConfig( ) 的功能是什么？

任务拓展

利用定时器 TIM3 的 PWM 功能，输出占空比可变的 PWM 波形，驱动 LED 灯，从而实现 LED0 由暗变亮，又从亮变暗（呼吸灯）。请问此循环如何实现？

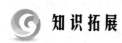

PWM

PWM 是一种主要用于使用数字信号获取模拟脉冲的技术。在相关单片机方案中，它在控制伺服和直流电动机中起着至关重要的作用。大多数工业应用都涉及 PWM，其中负载需要脉冲电流，而不是变化的模拟信号。PWM 就像受控开关一样工作，主要处理传递给负载的电流。当开关关闭时，它将指示负载无电流；当开关打开时，这意味着功率将在没有压降的情况下传递至负载。

PWM 主要用于使用数字源获取模拟信号的过程。控制器不过是控制和处理施加到负载的输入电流的控制器。PWM 在高值和低值之间变化，其中高值指示施加 5 V，低值指示将接地信号施加到负载。这里要注意，上限值不一定对应 5 V，它可以是基于负载工作电压的任何值。

PWM 控制信号的占空比，从而控制电动机的速度。如果占空比的频率为 50 Hz，则表示每秒完成 50 个占空比，这称为其在高值和低值之间调节的速度之比。

PWM 工作过程所需的频率将根据应用的性质变化。有些需要快速变化的占空比，以更快的速度控制负载，而有些则需要缓慢变化的占空比以保持过程平稳并避免功率损耗。负载的响应时间通常会为 PWM 所需的频率设置路径。重要的是要注意，电动机速度与信号保持打开状态的占空比持续时间成正比。接通信号的持续时间越长，电动机端子旋转得越快，类似的断开持续时间将导致电动机速度变慢。

使用 PWM 控制电动机的方法是简单地改变对电动机的模拟信号。由于模拟信号会不断变化地向电动机施加功率，因此无法保持电动机端子完全断开或接通，因此，在此过程中会发生功率损耗，但是，PWM 以脉冲形式输送功率，从而使电动机端子保持完全开启或关闭状态。

接下来举例进行说明。

1. LED 实例

控制 RGB LED 是理解 PWM 概念的完美示例。通过改变每种颜色的占空比并每次改变其亮度都会给出特定的颜色，避免对每种颜色以相同的幅度调整占空比，这样做会发出白光。如果以 2 MHz 的频度施加占空比为 10% 的红灯，则在大多数情况下，红灯将显示为 OFF。它会开启一小段时间，但因为它没有参与 RGB LED 所产生的闪光而出现闪烁。类似地，在 100 MHz 处施加占空比为 10% 的红光会增加红光的贡献，与较低频率的应用相比，LED 的开启速度会更快。

2. 计算机主板

计算机主板需要 PWM 信号使其风扇与电源脉冲一起运行。如果在没有 PWM 的情况下连续供电，则可能会对电路板造成严重损害，因为电路板将以全速运行而不会暂停。如果购买新计算机，可能会注意到风扇中添加了一个 4 引脚的 PWM 接头连接器，用于控制电路板的冷却过程。在此值得一提的是，优先使用小斜率占空比的 PWM，而不是使用大斜率占空比的 PWM，因为后者在风扇低速运行时更容易产生"喀嗒"声。同样，当占空比接近 100% 时，风扇将全速运行。

项目四

STM32 串口通信的设计与实现

项目描述

本项目主要介绍通信原理与方式、串行通信协议、STM32 的 USART 串口内部结构、相关寄存器，以及标准外设库函数等知识。通过本项目的学习，可以实现 PC 与 STM32 之间的串口通信功能、控制功能。

项目目标

- 培养规范意识、标准意识；
- 培养团队意识、安全意识；
- 培养担当精神，质量精神；
- 了解通信的基本原理、基本概念；
- 熟悉通信的方式与分类；
- 掌握串行通信协议及数据帧格式；
- 了解 STM32 的 USART 串口内部结构；
- 熟悉 STM32 的 USART 串口相关寄存器；
- 掌握 STM32 的 USART 串口相关标准外设库函数的使用方法；
- 会使用库函数控制实现 STM32 的串行通信功能；
- 能够以串行通信方式实现对外部设备的控制。

任务 1 与 PC 串口通信的设计与实现（查询方式）

4.1.1 任务分析

1. 任务描述

以串行通信查询方式实现：STM32 和上位机进行串行通信，PC 通过串口线向 STM32 的串口 1 发送字符，STM32 将接收到的字符再传回 PC，在 PC 上通过串口调试助手完成上述功能，编写控制程序并进行系统调试。

2. 任务目标

（1）培养安全意识；

（2）培养担当精神、精益求精精神；

（3）了解通信的基本原理、基本概念；

（4）熟悉通信的方式与分类；

（5）掌握串行通信协议及数据帧格式；

（6）了解 STM32 的 USART 串口内部结构；

（7）熟悉 STM32 的 USART 串口相关寄存器；

（8）掌握 STM32 的 USART 串口相关标准外设库函数的使用方法；

（9）会使用库函数控制实现 STM32 的串行通信功能。

4.1.2　任务实施规划

与 PC 串口通信（查询方式）如图 4.1 所示。

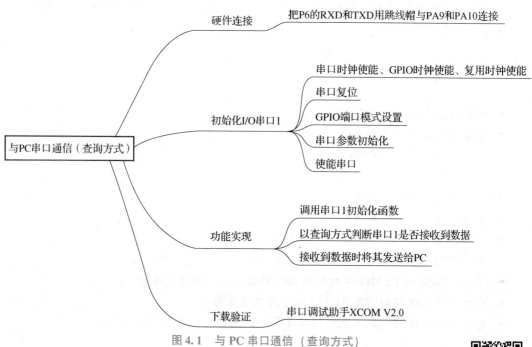

图 4.1　与 PC 串口通信（查询方式）

4.1.3　知识链接

1. 串行通信概述

串口通信原理

在计算机系统中，CPU 和外部设备有两种通信方式，即并行通信和串行通信。

并行通信是指数据的各位同时传送；串行通信是指数据逐位顺序传送。主机与显示器之间的通信为并行通信，其特点是通信速度快，传输线多，适用于近距离的数据通信，但硬件接线成本高；主机与打印机之间的通信通常为串行通信，其特点是速度慢，但硬件成本低，传输线少，适用于长距离数据传输。目前使用最多的还是串行通信，即便速度相对较慢。

在串行通信中数据是在两个站之间进行传送的，按照数据传送方向串行通信可分为单工通信、半双工通信和全双工通信 3 种。

（1）单工通信。

通信线的一端是发送器，一端是接收器，数据只能按照一个固定的方向传送，即只能从发送端将信号传输给接收端。

（2）半双工通信。

系统的每个通信设备都有一个发送器和一个接收器，但同一时刻只能由一个站发送，一个站接收，两个方向上的数据不能同时进行。

（3）全双工通信。

系统的每端都有发送器和接收器，可同时发送和接收数据，即数据可以在两个方向上同时传送。

按照串行数据的时钟控制方式，串行通信可分为异步通信和同步通信两类。

（1）同步通信。

对于同步通信来说，通信双方是通过同步时钟信号发送和接收数据的。同步通信是一种连续串行传送数据的通信方式，一次通信只传输一帧信息。这里的信息帧和异步通信的字符帧不同，通常有若干个数据字符，但均由同步字符、数据字符和校验字符 CRC 三部分组成。在同步通信中，同步字符可以采用统一的标准格式，也可以由用户约定。

（2）异步通信。

对于异步通信来说，通信双方之间并没有同步时钟信号，为了使接收方能够准确地把发送方发送的信息解析出来，通信双方在通信之前要约定好波特率，即发送方按照一定的频率发送数据，接收方也根据这个频率每隔固定的时间读取信号线的电平状态，从而实现对发送数据的解析。

常见的串行通信接口见表 4.1。

表 4.1　常见的串行通信接口

通信标准	引脚说明	通信方式	通信方向
UART （通用异步收发器）	TXD：发送端 RXD：接受端 GND：公共地	异步通信	全双工
单总线	DQ：发送/接受端	异步通信	半双工
SPI	SCK：同步时钟 MISO：主机输入，从机输出 MOSI：主机输出，从机输入	同步通信	全双工
I2C	SCL：同步时钟 SDA：数据输入/输出端	同步通信	半双工

2. 异步串行通信

在异步通信中数据是以字符为单位组成字符帧传送的。字符帧由发送端逐帧发送，每一帧数据是低位在前，高位在后，通过传输线被接收端接收。在异步通信中，接收端是依靠字符帧格式来判断发送端是何时开始发送、何时结束发送的。

字符帧也叫作数据帧，由空闲位、起始位、数据位、奇偶校验位和停止位等五部分组成。通信双方的字符帧格式要约定一致才能正常收发数据。

1）波特率

异步通信中由于没有时钟信号，所以两个通信设备之间需约定好波特率。波特率为每秒钟传送二进制数码的位数，也叫作比特数，单位为 bit/s（位/秒）。波特率用于表征数据传输速度，波特率越高，数据传输速度越快。通常，常见的异步通信波特率有 4 800 bit/s、9 600 bit/s、115 200 bit/s 等。

波特率决定了异步通信中每位数据占用的时间。如波特率为 115 200 bit/s，表示每秒传输 115 200 位二进制数据，每位数据在数据线上持续的时间约为 $1/115\ 200 \approx 8.68$（μs）。

通信时，数据是逐位传送的，而 1 个字符往往由若干位组成，因此每秒所传输的字符数（字符速率）和波特率是不同的概念，在串行通信中，所说的传输速率是指波特率，而不是字符速率，两者之间的关系是：波特率 = 字符速率 × 每个字符包含的位数。

例如：通信时需要每秒钟传送 240 个字符，而每个字符格式包含 10 位（1 个起始位、1 个停止位、8 个数据位），这时的波特率为：10 位 × 240 个/秒 = 2 400 bit/s。

2）起始位和停止位

串口通信的一个字符帧从起始位开始，直到停止位结束。起始位用于指示一个字符帧的开始，由 1 位逻辑 0 的数据位表示，用于接收端/发送端开始发送一帧字符信息。停止位用于表征字符帧结束，可由 0.5、1、1.5 或 2 个逻辑 1 的数据位表示。

3）有效数据位

有效数据位紧跟在起始位之后的数据信息，低位在前，高位在后，用户可以自己定义有效数据位的长度。有效数据位的长度常被约定为 5、6、7 或 8。

4）校验位

在有效数据位之后，有一个可选的数据校验位。数据通信相对容易受到外部干扰，导致传输数据出现偏差，可以在传输过程中加上校验位来解决这个问题。校验方法有奇校验、偶校验、0 校验、1 校验以及无校验。

奇校验要求有效数据和校验位中"1"的个数为奇数，比如一个 8 位长的有效数据为 01101001，此时总共有 4 个"1"，为达到奇校验效果，校验位为"1"，最后传输的数据将是 8 位的有效数据加上 1 位的校验位，总共 9 位。

偶校验与奇校验的要求刚好相反，要求帧数据和校验位中"1"的个数为偶数，比如数据帧为 11001010，此时数据帧中"1"的个数为 4，所以偶校验位为"0"。

0 校验是不管有效数据中的内容是什么，校验位总为"0"，1 校验则是校验位总为"1"。

3. STM32 串行接口

通用同步异步收发器是一个串行通信设备，可以灵活地与外部设备进行全双工数据交换。很多微控制器和外设模块都集成有异步串行接口 UART，STM32 微控制器将 UART 串行接口统称为 USART（通用同步/异步收发器），这意味着 USART 接口不仅具有异步双向通信传输的功能，而且具有同步通信功能，因此 STM32 有两种串行通信接口，分别是 UART

和 USART，区别在于 USART 接口支持同步模式，在该模式下有一根时钟信号线用于数据的同步。大容量 STM32F10x 系列微控制器一般有 3 个 USART 和 2 个 UART。需要注意：USART 接口可以当作一个普通的 UART 接口使用，人们平时串口通信所用的基本都是 UART 接口。

　　UART 异步通信方式引脚连接方法如图 4.2 所示，STM32 与 STM32 之间、STM32 与 PC 之间均可以采用串行通信方式进行数据传输。其中，RxD 是数据输入引脚，用于接收数据；TxD 是数据发送引脚，用于发送数据。

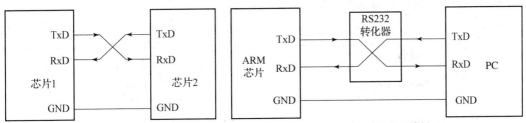

图 4.2　UART 异步通信方式引脚连接方法

　　串口通信是 STM32 最基本的功能，很多传感器模块与 STM32 的连接都会用到串口功能。串口通信，顾名思义就是将一整条的内容，切成一"串"个体来发送或接收。发送的核心思想是：将字符串中的一个字符写到一个寄存器中（此寄存器只能存一个字符），写入后会自动通过串口发送，发送结束再写入下一个字符。接收时会直接装入 STM32 缓冲区的一个字符型数组中，由程序依次读这个数组。UART 数据接收过程如图 4.3 所示，UART 数据发送过程如图 4.4 所示。

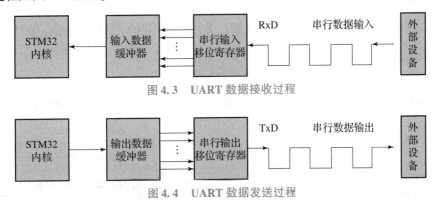

图 4.3　UART 数据接收过程

图 4.4　UART 数据发送过程

　　当需要发送数据时，内核外设把数据从内存（变量）写入发送数据寄存器 TDR 后，发送控制器将自动把数据从 TDR 加载到发送移位寄存器，然后通过串口线 TX，把数据逐位地发送出去，在数据从 TDR 转移到移位寄存器时，会产生发送数据寄存器 TDR 已空事件 TXE，当数据从移位寄存器全部发送出去时，会产生数据发送完成事件 TC，这些事件可以在状态寄存器中查询到。接收数据则是一个逆过程，数据从串口线 RX 逐位地输入接收移位寄存器，然后自动地转移到接收数据寄存器 RDR，最后用内核指令读取到内存（变量）中。发送完毕或者接收完毕都会有相应的状态或者事件，可以通过这些事件来判断是否接收或者发送完毕，然后进行下一步操作。

4. 端口复用和重映射

1）端口复用功能

STM32 有很多内置外设，这些外设的外部引脚都是与 GPIO 引脚复用的。也就是说，一个 GPIO 引脚如果可以复用为内置外设的功能引脚，那么当这个 GPIO 引脚作为内置外设使用时，就叫作复用。

STM32F103ZET6 有 5 个串口，串口 1 的引脚对应的 I/O 引脚为 PA9、PA10。PA9、PA10 默认功能是 GPIO，所以当 PA9、PA10 引脚作为串口 1 的 TX、RX 引脚使用时，就是端口复用。串口 1 复用引脚见表 4.2。

表 4.2 串口 1 复用引脚

USART1_TX	PA9
USART1_RX	PA10

复用端口初始化的步骤如下：

（1）使能 GPIO 端口时钟，方法如下：

```
RCC_APB2PeriphClockCmd(RCC_APB2Periph_GPIOA,ENABLE);
```

（2）使能复用的外设时钟。

比如将端口 PA9、PA10 复用为串口，就要使能串口时钟，方法如下：

```
RCC_APB2PeriphClockCmd(RCC_APB2Periph_USART1,ENABLE);
```

（3）配置端口模式。

在 I/O 复用位内置外设功能引脚的时候，必须设置 GPIO 端口的模式。串口复用 GPIO 配置见表 4.3。

表 4.3 串口复用 GPIO 配置

USART 引脚	配置	GPIO 配置
USARTx_TX	全双工模式	推挽复用输出
	半双工同步模式	推挽复用输出
USARTx_RX	全双工模式	浮空输入或带上拉输入
	半双工同步模式	未用，可作为通用 I/O 引脚

从表 4.3 中可以看出，要配置全双工的串口 1，TX 引脚需要配置为推挽复用输出，RX 引脚需要配置为浮空输入或者带上拉输入，方法如下：

```
//USART1_TXPA.9复用推挽输出
GPIO_InitStructure.GPIO_Pin=GPIO_Pin_9;//PA.9
GPIO_InitStructure.GPIO_Speed=GPTO_Speed_50MHz;
GPIO_InitStructure.GPIO_Mode=GPIO_Mode_AF_PP;//复用推挽输出
```

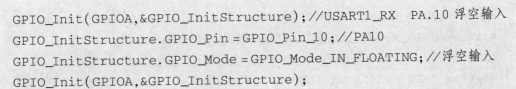

```
GPIO_Init(GPIOA,&GPIO_InitStructure);//USART1_RX  PA.10 浮空输入
GPIO_InitStructure.GPIO_Pin = GPIO_Pin_10;//PA10
GPIO_InitStructure.GPIO_Mode = GPIO_Mode_IN_FLOATING;//浮空输入
GPIO_Init(GPIOA,&GPIO_InitStructure);
```

2）端口重映射

为了使不同器件封装的外设 I/O 功能数量达到最优，可以把一些复用功能重新映射到其他引脚上。STM32 中有很多内置外设的 I/O 引脚都具有重映射功能。每个内置外设都有若干个 I/O 引脚，一般这些引脚的输出端口都是固定

端口重映射

不变的，为了让设计工程师可以更好地安排引脚的走向和功能，在 STM32 中引入了外设引脚重映射的概念，即一个外设的引脚除了具有默认的端口外，还可以通过设置重映射寄存器的方式，把这个外设的引脚映射到其他端口。串口重映射引脚见表 4.4。

表 4.4　串口重映射引脚

复用功能	USART1_REMAP = 0	USART1_REMAP = 1
USART1_TX	PA9	PB6
USART1_RX	PA10	PB7

表 4.4 中，串口 1 复用时的引脚 PA9、PA10，同时可以将 TX 和 RX 重新映射到引脚 PB6 和 PB7 上面去。因此重映射要使能 GPIO 端口时钟、复用的外设时钟和 AFIO 功能时钟，然后调用重映射函数。

以串口 1 为例，详细步骤如下：

（1）使能 GPIOB 端口时钟，方法如下：

```
RCC_APB2PeriphClockCmd(RCC_APB2Periph_GPIOB,ENABLE);
```

（2）使能串口 1 时钟，方法如下：

```
RCC_APB2PeriphClockCmd(RCC_APB2Periph_USART1,ENABLE)
```

（3）使能 AFIO 时钟，方法如下：

```
RCC_APB2PeriphClockCmd(RCC_APB2Periph_AFIO,ENABLE);
```

（4）开启重映射，方法如下：

```
GPIO_PinRemapConfig(GPIO_Remap_USART1,ENABLE);
```

通过以上步骤可以将串口的 TX 和 RX 引脚重映射到引脚 PB6 和 PB7 上面。

注：通过查看中文参考手册或者从 GPIO_PinRemapConfig 函数入手查看第一个入口参数的取值范围可以了解哪些功能可以重映射。在 stm32f10x_gpio.h 文件中定义了取值范围为下面宏定义的标识符，例如：

```
#define GPIO_Remap_SPI1  ((uint32_t)0x00000001)
#define GPIO_Remap_I2C1  ((uint32_t)0x00000002)
```

```
#define GPIO_Remap_USART1     ((uint32_t)0x00000004)
#define GPIO_Remap_USART2     ((uint32_t)0x00000008)
#define GPIO_PartialRemap_USART3  ((uint32_t)0x00140010)
#define GPIO_FullRemap_USART3  ((uint32_t)0x00140030)
```

从上面可以看出，USART1 只有一种重映射，而对于 USART3，存在部分重映射和完全重映射两种。所谓部分重映射就是部分管脚和默认的是一样的，部分管脚是重新映射到其他管脚。而完全重映射是所有管脚都重新映射到其他管脚。USART3 的重映射表如下：

```
GPIO_PinRemapConfig(GPIO_PartialRemap_USART3,ENABLE);
```

5. 串口相关库函数

串口通信　串口通信
相关寄存器　相关库函数

与串口基本配置相关的标准外设库函数和定义主要分布在 "stm32f10x_usart. h" 和 "stm32f10x_usart. c" 文件中。

1）串口时钟使能

串口是挂载在 APB2 下面的外设，其使能函数为：

```
RCC_APB2PeriphClockCmd(RCC_APB2Periph_USART1);
```

2）串口复位

当外设出现异常的时候可以通过复位设置，实现该外设的复位，然后重新配置这个外设以让其重新工作。一般在系统刚开始配置外设的时候，都会先执行复位该外设的操作。复位的操作通过函数 USART_DeInit( ) 完成。

函数原型：`void USART_DeInit(USART_TypeDef * USARTx);`

功能：串口复位，将外设 USARTx 寄存器设置为一个缺省值（一个属性，参数被修改前的值）；

参数：外设 USARTx 寄存器。

例如要复位串口 1，方法为：

```
USART_DeInit(USART1);  //复位串口1
```

3）串口初始化

串口初始化通过 USART_Init( ) 函数实现。

函数原型：`void USART_Init(USART_TypeDef * USARTx,`
`USART_InitTypeDef * USART_InitStruct);`

功能：根据 USART_StructInit 中指定的参数初始化 USARTx 寄存器；

参数 1：指定初始化的串口标号，即 USARTx 寄存器，例如 USART1；

参数 2：一个 USART_InitTypeDef 类型的结构体指针，这个结构体指针的成员变量用来设置串口的参数，一般的实现格式为：

```
USART_InitStructure.USART_BaudRate =bound;  //设置波特率；
USART_InitStructure.USART_WordLength =USART_WordLength_8b;
                                        //字长8位数据格式
```

```
    USART_InitStructure.USART_StopBits = USART_StopBits_1;  //一个停
止位
    USART_InitStructure.USART_Parity = USART_Parity_No;  //无奇偶校验位
    USART_InitStructure.USART_HardwareFlowControl
              = USART_HardwareFlowControl_None;  //无硬件数据流控制
    USART_InitStructure.USART_Mode = USART_Mode_Rx|USART_Mode_Tx;//收
发模式
    USART_Init(USART1,&USART_InitStructure);        //初始化串口
```

从上面的初始化格式可以看出初始化需要设置的参数为：波特率、字长、停止位、奇偶校验位、硬件数据流控制、发送/接收模式。实际应用中可以根据需要设置这些参数。

4）串口使能

串口使能是通过函数 USART_Cmd( )实现的，使用方法为：

```
USART_Cmd(USART1,ENABLE);  //使能串口
```

5）数据发送与接收

STM32 数据的发送与接收是通过数据寄存器 USART_DR 实现的，该寄存器位［8:0］是数据值，这 9 位包含了发送或接收的数据。

数据寄存器 USART_DR 是由两个寄存器组成的，一个用于发送数（TDR），一个用于接收数据（RDR），该寄存器兼具读和写的功能。TDR 寄存器提供了内部总线和输出移位寄存器之间的并行接口；RDR 寄存器提供了输入移位寄存器和内部总线之间的并行接口。

当向 USART_DR 寄存器写数据的时候，串口就会自动发送；当收到数据的时候，自动存在该寄存器内。

STM32 库函数操作 USART_DR 寄存器向其他设备发送数据的函数是 USART_SendData( )。

函数原型：void USART_SendData(USART_TypeDef * USARTx,uint16_t Data);

功能：向串口寄存器 USART_DR 写入一个数据；

参数 1：串口寄存器 USART_DR；

参数 2：要写入的数据 Data。

STM32 库函数操作 USART_DR 寄存器读取串口接收到的数据的函数是 USART_ReceiveData( )。

函数原型：uint16_t USART_ReceiveData（USART_TypeDef * USARTx）;

功能：读取串口接收到的数据；

参数 1：串口寄存器 USART_DR。

6）串口状态

串口的状态可以通过状态寄存器 USART_SR 读取。状态寄存器 USART_SR 的各位描述如图 4.5 所示。

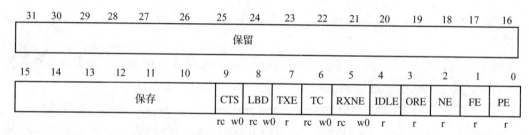

图 4.5　状态寄存器 USART_SR 各位描述

第 5 位 RXNE（读数据寄存器非空），当该位被置 1 的时候，提示已经有数据被接收到，并且可以读出来。这时要尽快去读 USART_DR，通过读 USART_DR 可以将该位清零，同时也可以向该位写 0，直接清除。

第 6 位 TC（发送完成），当该位被置位的时候，表示 USART_DR 内的数据已经被发送完成。如果设置了这个位的中断，则会产生中断。该位也有两种清零方式：①读 USART_SR，写 USART_DR；②直接向该位写 0。

读取串口状态的函数是 USART_GetFlagStatus()。

函数原型：FlagStatus USART_GetFlagStatus(USART_TypeDef * USARTx,
                                    uint16_t USART_FLAG);

参数 1：串口寄存器 USART_DR；

参数 2：这个参数非常关键，它标示查看串口的哪种状态，比如 RXNE（读数据寄存器非空）以及 TC（发送完成）。例如要判断读寄存器是否非空（RXNE），操作库函数的方法为：

```
USART_GetFlagStatus(USART1,USART_FLAG_RXNE);
```

要判断发送是否完成（TC），操作库函数的方法为：

```
USART_GetFlagStatus(USART1,USART_FLAG_TC);
```

这些标识号在 MDK 中是通过宏定义的：

```
#define USART_IT_PE((uint16_t)0x0028)
#define USART_IT_TXE((uint16_t)0x0727)
#define USART_IT_TC((uint16_t)0x0626)
#define USART_IT_RXNE((uint16_t)0x0525)
#define USART_IT_IDLE((uint16_t)0x0424)
#define USART_IT_LBD((uint16_t)0x0846)
#define USART_IT_CTS((uint16_t)0x096A)
#define USART_IT_ERR((uint16_t)0x0060)
#define USART_IT_ORE((uint16_t)0x0360)
#define USART_IT_NE((uint16_t)0x0260)
#define USART_IT_FE((uint16_t)0x0160)
```

4.1.4　任务实施

与 PC 串口通信

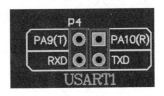

图 4.6　硬件连接原理图

1. 硬件连接

本任务用到的串口 1 与 USB 串口并没有与 PCB 连接在一起，需要通过跳线帽来连接。把 P6 的 RXD 和 TXD 用跳线帽与 PA9 和 PA10 连接起来。硬件连接原理图如图 4.6 所示。

请写出连接结果。

2. 初始化 I/O 串口 1

在"main. c"中的 uart_init( )函数中实现初始化串口 1 的功能。定义的变量如下：

```
GPIO_InitTypeDef  GPIO_InitStructure;
USART_InitTypeDef  USART_InitStructure;
```

串口初始化过程如下：

(1) 使能串口 1 时钟，使能 GPIO 时钟，使能复用时钟。

(2) 串口 1 复位。

(3) 设置 GPIO 端口模式。

(4) 初始化串口 1 参数。

(5) 使能串口 1。

3. 功能实现

在"main. c"的主函数中实现任务功能。

（1）调用串口初始化函数 uart_init( )。

（2）在 while（1）循环中不断查询接收数据寄存器非空标志位是否为 1，若为 1 则接收数据，然后将该数据发送给 PC。

4. 下载验证

打开串口调试助手 XCOM V2.0，设置串口为开发板的 USB 转串口（CH340 虚拟串口，根据自己的计算机选择，波特率是 115 200 bit/s）。

🌀 任务评分表

任务 1 的任务评分表见表 4.5。

表 4.5 任务 1 的任务评分表

班级		姓名		学号		小组	
学习任务名称							
自我评价	1	遵循 6S 管理				☐符合	☐不符合
	2	不迟到、不早退				☐符合	☐不符合
	3	能独立完成工作页的填写				☐符合	☐不符合
	4	具有独立信息检索能力				☐符合	☐不符合
	5	小组成员分工合理				☐符合	☐不符合
	6	能制定合理的任务实施计划				☐符合	☐不符合
	7	能正确使用工具及设备				☐符合	☐不符合
	8	自觉遵守安全用电规划				☐符合	☐不符合
	学习效果自我评价等级： 评价人签名：					☐优秀 ☐良好 ☐合格 ☐不合格	
小组评价	1	具有安全意识和环保意识				☐能	☐不能
	2	遵守课堂纪律，不做与课程无关的事情				☐能	☐不能
	3	清晰表达自己的观点，且正确合理				☐能	☐不能
	4	积极完成所承担的工作任务				☐是	☐否
	5	任务是否按时完成				☐是	☐否
	6	自觉维护教学仪器设备的完好性				☐是	☐否
	学习效果小组评价等级： 小组评价人签名：					☐优秀 ☐良好 ☐合格 ☐不合格	
教师评价	1	能进行学习准备				☐能	☐不能
	2	课堂表现				☐优秀 ☐良好 ☐合格 ☐不合格	
	3	任务实施计划合理				☐是	☐否
	4	硬件连接				☐是	☐否
	5	初始化				☐优秀 ☐良好 ☐合格 ☐不合格	
	6	主函数实现				☐优秀 ☐良好 ☐合格 ☐不合格	

班级			姓名		学号		小组	
学习任务名称								
教师评价	7	编译下载					□优秀　□良好 □合格　□不合格	
	8	展示汇报					□优秀　□良好 □合格　□不合格	
	9	6S 管理					□符合　□不符合	
	教师评价等级： 评语： 　　　　　　　　　　　　　　指导教师：						□优秀　□良好 □合格　□不合格	
学生综合成绩评定：							□优秀　□良好 □合格　□不合格	

任务回顾

1. 要配置全双工的串口 1，TX 引脚需要配置为＿＿＿＿＿＿＿＿＿＿，RX 引脚需要配置为＿＿＿＿＿＿＿＿＿＿或者＿＿＿＿＿＿＿＿＿＿。

2. 重映射的详细步骤是：＿＿＿＿＿＿＿＿、＿＿＿＿＿＿＿＿、＿＿＿＿＿＿＿＿、＿＿＿＿＿＿＿＿。

3. STM32 数据的发送与接收是通过数据寄存器＿＿＿＿＿＿＿＿来实现的，这是一个双寄存器，包含＿＿＿＿＿＿＿＿和＿＿＿＿＿＿＿＿。

任务拓展

以串行通信查询方式实现：PC 给 STM32 的串口 1 发送命令"1"，STM32 接收到该命令后控制 LED0 的状态，若 LED0 熄灭，则让其点亮，否则反之。同时 LED1 以 1 s 的频率闪烁（用于指示程序正在运行中）。编写控制程序并进行系统调试。

任务 2　与 PC 串口通信的设计与实现（中断方式）

4.2.1　任务分析

1. 任务描述

以串行通信中断方式实现：STM32 和上位机进行串行通信，PC 通过串口线向 STM32 的串口 1 发送字符, STM32 将接收到的字符再传回 PC, 在 PC 上通过串口调试助手完成上述功能。编写控制程序并进行系统调试。

2. 任务目标

(1) 培养安全意识;

(2) 培养担当精神、精益求精精神;

(3) 掌握 STM32 的 USART 串口中断相关库函数的使用方法;

(4) 会使用库函数实现 STM32 串行中断功能。

4.2.2 任务实施规划

与 PC 串口通信 (中断方式) 如图 4.7 所示。

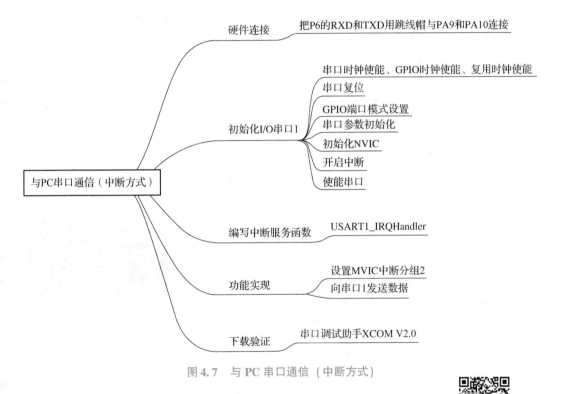

图 4.7 与 PC 串口通信 (中断方式)

4.2.3 知识链接

串口相关库函数

与串口基本配置相关的标准外设库函数和定义主要分布在 "stm32f10x_usart.h" 和 "stm32f10x_usart.c" 文件中。

1. 开启串口中断

当需要开启串口中断时, 应使能串口中断。使能串口中断的函数是 USART_ITConfig()。

函数原型: void USART_ITConfig(USART_TypeDef * USARTx,uint16_t USART_IT,FunctionalState NewState);

功能：使能串口中断；

参数 1：串口寄存器 USART_DR；

参数 2：标示使能串口的类型，也就是使能哪种中断，串口的中断类型有很多种，比如在接收到数据的时候（RXNE 读数据寄存器非空），要产生中断，那么开启中断的方法为：

```
USART_ITConfig(USART1,USART_IT_RXNE,ENABLE);  //开启中断,接收到数据
中断
```

在发送数据结束的时候（TC 发送完成）要产生中断，方法为：

```
USART_ITConfig(USART1,USART_IT_TC,ENABLE);
```

2. 获取相应中断状态

当使能了某个中断的时候，当该中断发生了，就会设置状态寄存器中的某个标志位。在中断处理函数中，经常要判断该中断是哪种中断，使用的函数是 USART_GetITStatus()。

函数原型：`ITStatus USART_GetITStatus(USART_TypeDef * USARTx,`
`uint16_t USART_IT)`。

比如使能了串口发送完成中断，那么当中断发生时，便可以在中断处理函数中调用这个函数来判断是否是串口发送完成中断，方法为：

```
USART_GetITStatus(USART1,USART_IT_TC);
```

该语句的返回值如果是 SET，说明是串口发送完成中断发生。

4.2.4 任务实施

1. 硬件连接

本任务用到的串口 1 与 USB 串口并没有与 PCB 连接在一起，需要通过跳线帽连接。把 P6 的 RXD 和 TXD 用跳线帽与 PA9 和 PA10 连接起来。硬件连接原理图如图 4.8 所示。

请写出连接结果。

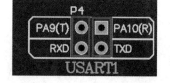

图 4.8 硬件连接原理图

2. 硬件初始化

在"main. c"的 uart_init()函数中实现初始化 I/O 端口、NVIC、串口 1 的功能。定义的变量如下：

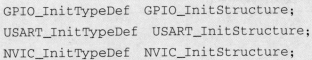

```
GPIO_InitTypeDef  GPIO_InitStructure;
USART_InitTypeDef  USART_InitStructure;
NVIC_InitTypeDef  NVIC_InitStructure;
```

硬件初始化过程如下：

(1) 使能串口时钟，使能 GPIO 时钟，使能复用时钟。

(2) 串口复位。

(3) 设置 GPIO 端口模式。

(4) 初始化串口参数。

(5) 初始化 NVIC。

(6) 开启接收中断。

(7) 使能串口 1。

注意：使用串口的中断接收后，必须在"usart. h"中设置 EN_USART1_RX 为 1（默认设置就是 1），该函数才会配置中断使能，以及开启串口 1 的 NVIC 中断。这里把串口 1 中断放在组 2，将优先级设置为组 2 里面的最低。

3. 编写中断服务函数 USART1_IRQHandler( )

4. 功能实现

在 "main. c" 的主函数中实现任务功能。

（1）调用自定义函数完成 GPIO、USART1 及 NVIC 的初始化。

（2）设置 NVIC 中断分组 2。

5. 下载验证

打开串口调试助手 XCOM V2.0，设置串口为开发板的 USB 转串口（CH340 虚拟串口，得根据自己的计算机选择，波特率是 115 200 bit/s）。

任务评分表

任务 2 的任务评分表见表 4.6。

表 4.6　任务 2 的任务评分表

班级		姓名		学号		小组	
学习任务名称							
自我评价	1	遵循 6S 管理				□符合	□不符合
	2	不迟到、不早退				□符合	□不符合
	3	能独立完成工作页的填写				□符合	□不符合
	4	具有独立信息检索能力				□符合	□不符合
	5	小组成员分工合理				□符合	□不符合
	6	能制定合理的任务实施计划				□符合	□不符合
	7	能正确使用工具及设备				□符合	□不符合
	8	自觉遵守安全用电规划				□符合	□不符合
	学习效果自我评价等级： 评价人签名：					□优秀　□良好 □合格　□不合格	
小组评价	1	具有安全意识和环保意识				□能	□不能
	2	遵守课堂纪律，不做与课程无关的事情				□能	□不能
	3	清晰表达自己的观点，且正确合理				□能	□不能
	4	积极完成所承担的工作任务				□是	□否
	5	任务是否按时完成				□是	□否
	6	自觉维护教学仪器设备的完好性				□是	□否
	学习效果小组评价等级： 小组评价人签名：					□优秀　□良好 □合格　□不合格	
教师评价	1	能进行学习准备				□能	□不能
	2	课堂表现				□优秀　□良好 □合格　□不合格	
	3	任务实施计划合理				□是	□否
	4	硬件连接				□是	□否
	5	初始化				□优秀　□良好 □合格　□不合格	

班级			姓名		学号		小组	
学习任务名称								
教师评价	6	中断服务函数					□优秀　□良好 □合格　□不合格	
	7	主函数实现					□优秀　□良好 □合格　□不合格	
	8	编译下载					□优秀　□良好 □合格　□不合格	
	9	展示汇报					□优秀　□良好 □合格　□不合格	
	10	6S 管理					□符合　□不符合	
	教师评价等级： 评语： 　　　　　　　　　　　　　指导教师：						□优秀　□良好 □合格　□不合格	
学生综合成绩评定：							□优秀　□良好 □合格　□不合格	

任务回顾

1. 当需要开启串口中断时，应使能串口中断，使能串口中断的函数是＿＿＿＿＿＿＿＿。

2. "USART_GetITStatus（USART1，USART_IT_TC）"语句的返回值如果是＿＿＿＿＿，说明是串口发送完成中断发生。

任务拓展

以串行通信中断方式实现：PC 给 STM32 的串口 1 发送命令"1"，STM32 接收到该命令后控制 LED0 的状态，若 LED0 熄灭，则让其点亮，否则反之。同时 LED1 以 1 s 的频率闪烁（用于指示程序正在运行中）。编写控制程序并进行系统调试。

项目五

显示系统的设计与实现

项目描述

本项目主要介绍 OLED 基本原理、相应接口，SSD1306 显存，OLED 相关函数及编程方法，LCD 显示原理，ILI9341 液晶控制器，ILI9341 指令格式，FSMC 原理、相关库函数等知识。通过本项目学习，可以实现 STM32 控制 OLED 和 LCD 屏幕两种显示模块的显示功能。

项目目标

- 培养规范意识和安全意识；
- 培养勇于担当、精益求精的工匠精神；
- 培养团队意识、安全意识；
- 了解 OLED 的基本原理及其相应接口；
- 掌握 OLED 模块 SSD1306 的使用方法；
- 掌握 OLED 相关函数的使用方法；
- 能够编程实现 OLED 模块的显示功能；
- 了解 LCD 显示原理及分类；
- 掌握 ILI9341 液晶控制器的使用方法；
- 掌握 ILI9341 指令的使用方法；
- 掌握 FSMC 的相关知识及其库函数的使用方法；
- 能够编程实现 TFTLCD 模块字符的显示功能。

任务 1 OLED 显示系统的设计与实现

5.1.1 任务分析

1. 任务描述

在 STM32F103 战舰 V3 开发板的 OLED 模块上实现显示功能，显示内容为汉字"我爱你，中华！"。

2. 任务目标

（1）培养规范意识和安全意识；

（2）培养勇于担当、精益求精的工匠精神；

（3）了解 OLED 的基本原理及其相应接口；

（4）掌握 OLED 模块 SSD1306 的使用方法；

（5）掌握 OLED 相关函数的使用方法；

（6）能够编程实现 OLED 模块的显示功能。

5.1.2 任务实施规划

OLED 显示系统的设计与实现如图 5.1 所示。

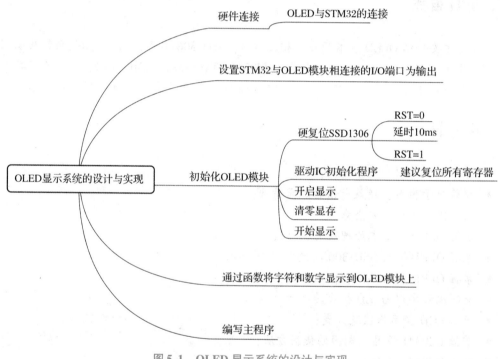

图 5.1 OLED 显示系统的设计与实现

5.1.3 知识链接

1. 认识 OLED

1）OLED 基本知识

OLED 即有机发光二极管（Organic Light - Emitting Diode），又称为有机电激光显示（Organic Electroluminesence Display）。OLED 具备自发光、不需背光源、对比度高、厚度小、视角广、反应速度快、可用于挠曲性面板、使用温度范围广、构造及制作较简单等优点。

ALIENTEK OLED 模块的外观如图 5.2 所示，该显示模块有以下特点：

（1）有单色和双色两种可选，单色为纯蓝色，而双色则为黄蓝双色。

（2）尺寸小，显示尺寸为 0.96 寸，而模块的尺寸仅为 27 mm×26 mm。

（3）分辨率高，该模块的分辨率为 128×64。

（4）有多种接口方式。该模块提供了总共 5 种接口方式，包括：6800、8080 两种并行接口方式，3 线或 4 线的串行 SPI 接口方式，IIC 接口方式（只需要 2 根线就可以控制 OLED）。

（5）不需要高电压，直接接 3.3 V 电压即可正常工作。

注意：该模块不和 5.0 V 接口兼容，所以使用的时候一定要小心，不要直接接到 5 V 的系统上，否则可能烧坏模块。通过 BS0 ~ BS2 设置 OLED 模块的接口方式，见表 5.1。

表 5.1　OLED 模块接口方式设置

接口方式	4 线 SPI	IIC	8 位 6800	8 位 8080
BS0	0	0	0	0
BS1	0	1	0	1
BS2	0	0	1	1
注："1" 代表接 VCC，"0" 代表接 GND。				

图 5.2　ALIENTEK OLED 模块外观

ALIENTEK OLED 模块默认设置的是 BS0 接 GND，BS1 和 BS2 接 VCC，此时使用的是 8080 并口方式，如果要设置为其他模式，则需要在 ALIENTEK OLED 模块的背面，用烙铁修改 BS0 ~ BS2 的设置。

ALIENTEK OLED 模块原理图如图 5.3 所示。

该模块采用 8×2 的 2.54 mm 排针与外部连接，总共有 16 个引脚，在 16 条线中，引脚 15 浮空，其他 15 个引脚可供使用。在 15 个引脚中，引脚 2 是电源，引脚 1 是地线，还剩下 13 条是信号线。在不同模式下，需要的信号线数量不同，在 8080 模式下，需要全部 13 条信号线。在 IIC 模式下，仅需要 2 条信号线，其中一条是共同的，即复位线 RST（RES），当 RST 上为低电平时，ALIENTEK OLED 模块复位，在每次初始化之前，都应该复位 ALIENTEK OLED 模块。

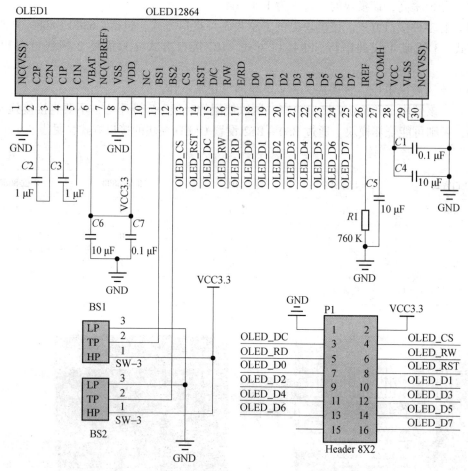

图 5.3　ALIENTEK OLED 模块原理图

2）8080 并行接口

ALIENTEK OLED 模块的控制器是 SSD1306。

8080 并行接口的发明者是英特尔公司，该总线也被广泛应用于各类液晶显示器，ALIENTEK OLED 模块也提供了这种接口，使得 MCU 可以快速访问该模块。图 5.2 中 ALIENTEK OLED 模块的 8080 接口方式需要如下信号线：

（1）CS：OLED 片选信号；

（2）WR：向 OLED 写入数据；

（3）RD：从 OLED 读取数据；

（4）D［7:0］：8 位双向数据线；

（5）RST（RES）：硬复位 OLED；

（6）DC：命令/数据标志（0，读写命令；1，读写数据）。

SSD1306 的 8080 并口写时序图如图 5.4 所示。结合时序图，模块的 8080 并口读/写的过程为：先根据要写入/读取的数据的类型，设置 DC 为高（数据）/低（命令），然后拉低片选 CS，选中 SSD1306，再根据是读数据还是写数据置 RD/WR 为低，然后在 RD 的上升沿，使数据锁存到数据线（D［7:0］）上，在 WR 的上升沿，使数据写入 SSD1306。

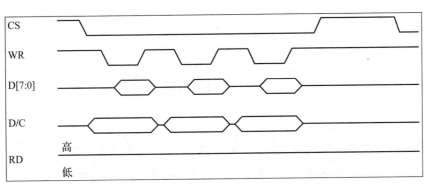

图 5.4　8080 并口写时序图

SSD1306 的 8080 并口读时序图如图 5.5 所示。

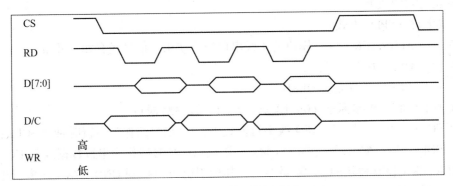

图 5.5　8080 并口读时序图

在 SSD1306 的 8080 接口方式下，控制脚的信号状态所对应的功能见表 5.2。

表 5.2　控制脚的信号状态所对应的功能

功能	RD	WR	CS	DC
写命令	高	↑	低	低
读状态	↑	高	低	低
写数据	高	↑	低	高
读数据	↑	高	低	高

在 8080 方式下进行读数据操作的时候（例如读显存的时候），需要一个假读命令（Dummy Read）使微控制器的操作频率和显存的操作频率匹配，即在读取真正的数据之前，有一个的假读的过程，也就是第一个读到的字节丢弃不要，从第二个字节开始才是真正要读的数据。

一个典型的读显存时序图如图 5.6 所示。

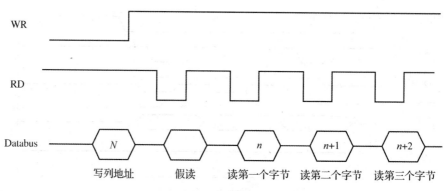

图 5.6　读显存时序图

由图 5.6 可知，在发送了列地址之后，开始读数据，第一个是假读，从第二个字节开始才是真正有效的数据。

3）线串行（SPI）方式

图 5.2 中 ALIENTEK OLED 模块的 4 线串口模式使用的信号线有如下几条：

（1）CS：OLED 片选信号；

（2）RST（RES）：硬复位 OLED；

（3）DC：命令/数据标志（0，读写命令；1，读写数据）；

（4）SCLK：串行时钟线，在 4 线串行模式下，D0 信号线作为串行时钟线 SCLK；

（5）SDIN：串行数据线，在 4 线串行模式下，D1 信号线作为串行数据线 SDIN。

ALIENTEK OLED 模块的 D2 需要浮空，其他引脚可以接到 GND。在 4 线串行模式下，只能往 ALIENTEK OLED 模块写数据，而不能读数据。每个数据长度均为 8 位，在 SCLK 的上升沿，数据从 SDIN 移入 SSD1306，并且高位在前。DC 线用作命令/数据的标志线。在 4 线 SPI 模式下，写操作时序如图 5.7 所示。

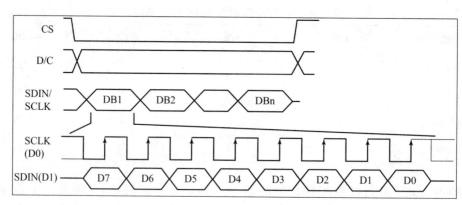

图 5.7　SPI 写操作时序图

4）OLED 模块的显存

OLED 模块本身并没有显存，它的显存依赖 SSD1306 提供。SSD1306 提供一块显存，显存总共为 128×64 bit 大小，SSD1306 将这些显存分为 8 页，其对应关系见表 5.3。

表 5.3 SSD1306 显存与屏幕的对应关系

	列（COL0~127）						
	SEG0	SEG1	SEG2	……	SEG125	SEG126	SEG127
行 （COM0~63）	PAGE0						
	PAGE1						
	PAGE2						
	PAGE3						
	PAGE4						
	PAGE5						
	PAGE6						
	PAGE7						

SSD1306 的每页包含 128 个字节，总共 8 页，即 128×64 的点阵大小。因为每次都是按字节写入的，这就存在一个问题，如果使用只写方式操作模块，那么，每次要写 8 个点，这样的话，在画点的时候就必须搞清楚要设置的点所在的字节的每个位的当前状态（0/1），否则写入的数据就会覆盖之前的状态，其结果是有些不需要显示的点显示出来，或者该显示的没有显示。

通常可以采用下面的方法解决这个问题：在读操作模式下，先读出要写入的字节，也就是得到当前状况，在修改了要改写的位之后再写进 GRAM，这样就不会影响之前的状况。但是这样需要能够读 GRAM，对于 3 线或 4 线 SPI 模式，OLED 模块是不支持读 GRAM 的，而且读 -> 改 -> 写的方式速度也比较慢。

上述问题的最终解决办法是：在 STM32 的内部建立一个 OLED 模块的 GRAM（共 128×8 个字节），在每次修改的时候，只是修改 STM32 上的 GRAM（实际上就是 SRAM），修改完之后，一次性把 STM32 上的 GRAM 写入 OLED 模块的 GRAM。

这个方法也有缺点，即对于那些 SRAM 很小的单片机（如 51 单片机）操作比较麻烦。

SSD1306 的命令比较多，这里仅介绍几个比较常用的命令，见表 5.4。

表 5.4 SSD1306 常用命令

序号	指令	各位描述								命令	说明
	HEX	D7	D6	D5	D4	D3	D2	D1	D0		
0	81	1	0	0	0	0	0	0	1	设置对比度	A 的值越大屏幕越亮，A 的范围为 0X00~0XFF
	A[7:0]	A7	A6	A5	A4	A3	A2	A1	A0		
1	AE/AF	1	0	1	0	1	1	1	X0	设置显示开关	X0=0，关闭显示；X0=1，开启显示

续表

| 序号 | 指令 | | 各位描述 | | | | | | | | 命令 | 说明 |
	HEX	D7	D6	D5	D4	D3	D2	D1	D0		
2	8D	1	0	0	0	1	1	0	1	设置电荷泵	A2=0，关闭电荷泵； A2=1，开启电荷泵
	A[7:0]	*	*	0	1	0	A2	0	0		
3	B0~B7	1	0	1	1	0	X2	X1	X0	设置页地址	X[2:0]=0~7对应页 0~7
4	00~0F	0	0	0	0	X3	X2	X1	X0	设置列地址 低4位	设置8位起始列地址 的低4位
5	10~1F	0	0	0	0	X3	X2	X1	X0	设置列地址 高4位	设置8位起始列地址 的高4位

第一个命令为0X81，用于设置对比度，这个命令包含了两个字节，第一个0X81为命令，随后发送的一个字节为要设置的对比度的值。这个值设置得越大，屏幕就越亮。

第二个命令为0XAE/0XAF。0XAE为关闭显示命令，0XAF为开启显示命令。

第三个命令为0X8D，该命令也包含2个字节，第一个为命令字，第二个为设置值，第二个字节的BIT2表示电荷泵的开关状态，该位为1，则开启电荷泵，为0则关闭电荷泵。在模块初始化的时候，必须开启电荷泵，否则是看不到屏幕显示的。

第四个命令为0XB0~B7，该命令用于设置页地址，其低3位的值对应GRAM的页地址。

第五个命令为0X00~0X0F，该命令用于设置显示时的起始列地址的低4位。

第六个命令为0X10~0X1F，该命令用于设置显示时的起始列地址的高4位。

5）OLED模块的初始化过程

SSD1306的典型初始化框图如图5.8所示。

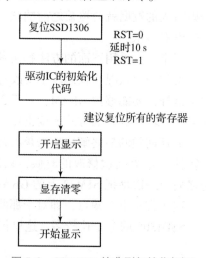

图5.8　SSD1306的典型初始化框图

驱动IC的初始化代码直接使用厂家推荐的设置即可，只要对细节部分进行一些修改，使其满足要求，其他不需要变动。

2. OLED相关函数

开发板配套的实验中一般都包含OLED实现的代码，例如战舰V3开发板中HARDWARE下面有一个"oled.c"文件和头文件"oled.h"。

"oled.c"的代码比较长，因此这里仅介绍几个比较重要的函数。

1）OLED_Init()函数

OLED_Init()函数结构比较简单，包括对I/O端口的初始化，宏定义OLED_MODE来决定要设置的 I/O 端口, 其他初始化序列按照厂家提供的资料来做就可以了。

注意: OLED 模块是无背光的, 在初始化之后会将显存全部清空, 因此在屏幕上看不到任何内容, 跟没通电一样, 写入数据模块后才会显示内容。

OLED_Init( )函数代码如下:

```
//初始化 SSD1306
void OLED_Init(void)
{
    GPIO_InitTypeDefGPIO_InitStructure;
    RCC_APB2PeriphClockCmd(RCC_APB2Periph_GPIOC
    |RCC_APB2Periph_GPIOD|RCC_APB2Periph_GPIOG,ENABLE);//使能
时钟
    GPIO_InitStructure.GPIO_Pin = GPIO_Pin_3|GPIO_Pin_6;//PD3,PD6
推挽输出
    GPIO_InitStructure.GPIO_Mode = GPIO_Mode_Out_PP;//推挽输出
    GPIO_InitStructure.GPIO_Speed = GPIO_Speed_50MHz;//速度 50 MHz
    GPIO_Init(GPIOD,&GPIO_InitStructure);//初始化 GPIOD3,6
    GPIO_SetBits(GPIOD,GPIO_Pin_3|GPIO_Pin_6);//PD3,PD6 输出高
电平
  #if OLED_MODE ==1
    GPIO_InitStructure.GPIO_Pin =0xFF;//PC0~7 OUT 推挽输出
    GPIO_Init(GPIOC,&GPIO_InitStructure);
    GPIO_SetBits(GPIOC,0xFF);//PC0 ~7 输出高电平
    //PG13,14,15 OUT 推挽输出
    GPIO_InitStructure.GPIO_Pin = GPIO_Pin_13|GPIO_Pin_14|GPIO_
Pin_15;
    GPIO_Init(GPIOG,&GPIO_InitStructure);
    //PG13,14,15 OUT 输出高
    GPIO_SetBits(GPIOG,GPIO_Pin_13|GPIO_Pin_14|GPIO_Pin_15);
  #else
    GPIO_InitStructure.GPIO_Pin = GPIO_Pin_0|GPIO_Pin_1;//推挽输出
    GPIO_Init(GPIOC,&GPIO_InitStructure);
    GPIO_SetBits(GPIOC,GPIO_Pin_0|GPIO_Pin_1);//PC0,1 OUT 输出高电平
    GPIO_InitStructure.GPIO_Pin = GPIO_Pin_15;//PG15 OUT 推挽输出
    RST GPIO_Init(GPIOG,&GPIO_InitStructure);
    GPIO_SetBits(GPIOG,GPIO_Pin_15);  //PG15 OUT 输出高电平
```

```
#endif
    OLED_RST = 0;
    delay_ms(100);
    OLED_RST = 1;
    OLED_WR_Byte(0xAE,OLED_CMD);    //关闭显示
    OLED_WR_Byte(0xD5,OLED_CMD);    //设置时钟分频因子,振荡频率
    OLED_WR_Byte(80,OLED_CMD);    //[3:0],分频因子;[7:4],振荡频率
    OLED_WR_Byte(0xA8,OLED_CMD);    //设置驱动路数
    OLED_WR_Byte(0X3F,OLED_CMD);    //默认0X3F(1/64)
    OLED_WR_Byte(0xD3,OLED_CMD);    //设置显示偏移
    OLED_WR_Byte(0X00,OLED_CMD);    //默认为0
    OLED_WR_Byte(0x40,OLED_CMD);    //设置显示开始行[5:0],行数。
    OLED_WR_Byte(0x8D,OLED_CMD);    //设置电荷泵
    OLED_WR_Byte(0x14,OLED_CMD);    //bit2,开启/关闭
    OLED_WR_Byte(0x20,OLED_CMD);    //设置内存地址模式
    OLED_WR_Byte(0x02,OLED_CMD);    //[1:0],00,列地址模式;01,
                                //行地址模式;10,页地址模式;默认10;
    OLED_WR_Byte(0xA1,OLED_CMD);//段重定义设置,bit0:0,0 ->0;1,0 ->127;
    OLED_WR_Byte(0xC0,OLED_CMD);    //设置COM扫描方向;bit3:0,
            //普通模式;1,重定义模式COM[N-1] ->COM0;N:驱动路数
    OLED_WR_Byte(0xDA,OLED_CMD);    //设置COM硬件引脚配置
    OLED_WR_Byte(0x12,OLED_CMD);    //[5:4]配置
    OLED_WR_Byte(0x81,OLED_CMD);    //对比度设置
    OLED_WR_Byte(0xEF,OLED_CMD);    //1 ~255;默0X7F(亮度设置,越大越亮)
    OLED_WR_Byte(0xD9,OLED_CMD);    //设置预充电周期
    OLED_WR_Byte(0xf1,OLED_CMD);    //[3:0],PHASE 1;[7:4],PHASE 2;
    OLED_WR_Byte(0xDB,OLED_CMD);    //设置VCOMH 电压倍率
    OLED_WR_Byte(0x30,OLED_CMD);    //[6:4]
                            //000,0.65 * VCC;001,0.77 * VCC;011,
0.83 * VCC;
    OLED_WR_Byte(0xA4,OLED_CMD);    //全局显示开启;bit0:1,开启;0,关闭
    OLED_WR_Byte(0xA6,OLED_CMD);    //设置显示方式;bit0:1,反相显示;
                                //0,正常显示
    OLED_WR_Byte(0xAF,OLED_CMD);    //开启显示
    OLED_Clear();    //清屏
    }
```

2）OLED_Refresh_Gram( )函数

该函数的功能是更新显存到 OLED 模块。STM32 内部定义了一个块 GRAM：u8 OLED_GRAM[128][8]，此部分 GRAM 对应 OLED 模块上的 GRAM。在操作的时候，只要修改 STM32 部分的 GRAM 即可，然后通过 OLED_Refresh_Gram( )函数把 GRAM 一次刷新到 OLED 模块的 GRAM 上。该函数代码如下：

```
//更新显存到 LCD
void OLED_Refresh_Gram(void)
{
    u8 i,n; for(i =0;i <8;i ++)
    {
        OLED_WR_Byte(0xb0 +i,OLED_CMD);   //设置页地址(0 ~7)
        OLED_WR_Byte(0x00,OLED_CMD);   //设置显示位置——列低地址
        OLED_WR_Byte(0x10,OLED_CMD);   //设置显示位置——列高地址
        for (n =0;n <128;n ++)
            OLED_WR_Byte(OLED_GRAM[n][i],OLED_DATA);
    }
}
```

OLED_Refresh_Gram( )函数先设置页地址，然后写入列地址（也就是纵坐标），接着从 0 开始写入 128 个字节，写满该页，最后循环把 8 页的内容都写入，就实现了从 STM32 显存到 OLED 显存的整个拷贝。

OLED_Refresh_Gram( )函数还用到了一个外部函数 OLED_WR_Byte( )，该函数的功能是向 SSD1306 写入数据或命令（参数 cmd 为 1 表示写入数据，为 0 表示写入命令）。该函数直接和硬件相关，代码如下：

```
#if OLED_MODE ==1
//向 SSD1306 写入一个字节
//dat:要写入的数据/命令
//cmd:数据/命令标志 0,表示命令;1,表示数据;
void OLED_WR_Byte(u8 dat,u8 cmd)
{
    DATAOUT(dat);
    if (cmd)
        OLED_RS_Set();
    else
        OLED_RS_Clr();
    OLED_CS_Clr();
```

```
        OLED_WR_Clr();
        OLED_WR_Set();
        OLED_CS_Set();
        OLED_RS_Set();
}
#else
//向 SSD1306 写入一个字节。
//dat:要写入的数据/命令
//cmd:数据/命令标志 0,表示命令;1,表示数据;
void OLED_WR_Byte(u8 dat,u8 cmd)
{
    u8 i;
    if (cmd)
        OLED_RS_Set();
    else
        OLED_RS_Clr();
        OLED_CS_Clr();
    for (i =0;i <8;i ++)
    {
        OLED_SCLK_Clr();
        if (dat&0x80)
            OLED_SDIN_Set();
        else
            OLED_SDIN_Clr();
        OLED_SCLK_Set();
        dat <<=1;
    }
    OLED_CS_Set();
    OLED_RS_Set();
}
#endif
```

上面这两个函数一样，通过宏定义 OLED_MODE 来决定使用哪一个。如果#define OLED_MODE =1，即定义为并口模式，选择第一个函数；如果#define OLED_MODE =0，则为 4 线串口模式，选择第二个函数。这两个函数输入参数均为两个——dat 和 cmd，dat 为要写入的数据，cmd 则表明该数据是命令还是数据。这两个函数的时序操作就是根据上面对 8080接口以及 4 线 SPI 接口的时序来编写的。

如果是 8080 并行接口，向 SSD1306 写入一个字节，在 OLED_WR_Byte（u8 dat，u8

cmd）函数中，首先需要 DATAOUT(dat) 函数将数据放到数据口。其中 DATAOUT( ) 是一个宏定义：#define DATAOUT(x)GPIO_Write(GPIOC,x)；

如果是4线 SPI 串行接口，向 SSD1306 写入一个字节，OLED_WR_Byte(u8 dat,u8 cmd) 函数中就能实现8次移位传输，在判断 cmd 参数是命令还是数据：如果是命令，DC 置高；如果是数据，DC 置低。接下来，拉低片选，将 WR 拉低再拉高产生一个上升沿。这样数据就写入控制器。最后，拉高片选、DC。

3）画点函数 OLED_DrawPoint( )

函数 OLED_DrawPoint( ) 实现了画点的功能，其代码如下：

```
void OLED_DrawPoint(u8 x,u8 y,u8 t)
{
    u8 pos,bx,temp =0;
    if (x >127‖y >63)
        return;  //超出范围了.
    pos =7 -y /8;
    bx =y%8;
    temp =1 <<(7 -bx);
    if (t)
        OLED_GRAM[x][pos]|=temp;
    else
        OLED_GRAM[x][pos]& =~temp;
}
```

该函数有3个参数，前两个是坐标，第三个 t 决定要写入1还是0。该函数实现了在 OLED 模块上任意位置画点的功能。

OLED_GRAM[128][8] 中的128代表列数（x 坐标），而8代表的是页，每页又包含8行，总共64行（y 坐标）。从高到低对应行数从小到大，例如，要在 $x=100$, $y=29$ 这个点写入1，则可以用如下语句实现：

```
OLED_GRAM[100][4]|=1 <<2;
```

一个通用的在点 (x, y) 置1的表达式为：

```
OLED_GRAM[x][7 -y /8]|=1 <<(7 -y%8);
```

其中 x 的范围为：$0 \sim 127$；y 的范围为：$0 \sim 63$。

4）ASCAII 字符集

ASCII 常用的字符集总共有95个，从空格符开始，分别为：

```
!"#$%&'()* + -0123456789:;<=>?@ ABCDEFGHIJKLMNOPQRSTUVWXYZ[\]^_
`abcdefghijklmnopqrstuvwxy z{|} ~.
```

要得到这个字符集的点阵数据，推荐使用字符提取软件：PCtoLCD2002 完美版。该软件可以提供各种字符，包括汉字（字体和大小都可以设置），且取模方式可以设置好几种，常用的取模方式该软件都支持。该软件还支持图形模式，也就是用户可以自己定义图片的大小，然后画图，根据所画的图形再生成点阵数据，该功能在制作图标或图片的时候很有用。

该软件的界面如图 5.9 所示。

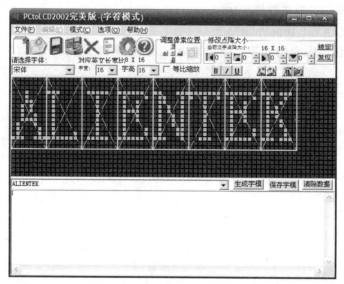

图 5.9　PCtoLCD2002 软件界面

在"字模选项"对话框中设置取模方式，如图 5.10 所示。

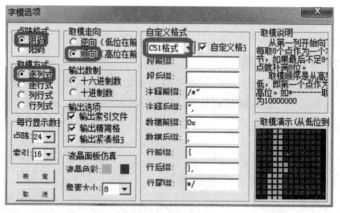

图 5.10　设置取模方式

在"字模选项"对话框的"取模说明"区域可知：从第一列开始向下每取 8 个点作为一个字节，如果最后不足 8 个点就补满 8 位。取模顺序是从高到低，即第一个点作为最高位。如 *-------- 取为 10000000，如图 5.11 所示。

从上到下，从左到右，高位在前，按这样的取模方式，把 ASCII 字符集按 12×6 大小和 16×8 大小取模出来（对应汉字大小为 12×12 和 16×16，字符只有汉字的一半大），保存在"oledfont.h"文件中，每个 12×6 的字符占用 12 个字节，每个 16×8 的字符占用 16 个字节。

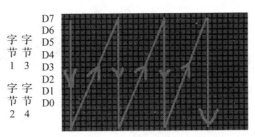

图 5.11　取模方式图解

5）函数 OLED_ShowChar( )

在知道了取模方式之后，就可以根据取模方式编写显示字符的代码，用到的函数是
OLED_ShowChar( )，字符显示的代码如下：

```
//在指定位置显示一个字符,包括部分字符
//x:0 ~127
//y:0 ~63
//mode:0,反白显示;1,正常显示
//size:选择字体 12 /16 /24
void OLED_ShowChar(u8 x,u8 y,u8 chr,u8 size,u8 mode)
{
    u8 temp,t,t1;u8 y0 =y;
    u8 csize =(size/8 +((size%8)? 1:0)) *(size/2);//得到字体一个字
符对应点阵集
                                    //所占的字节数
    chr =chr - ";得到偏移后的值
    for (t =0;t <csize;t ++)
    {
        if (size ==12)
            temp =asc2_1206[chr][t];//调用 1206 字体
        else if (size ==16)
            temp =asc2_1608[chr][t];//调用 1608 字体
        else if (size ==24)
            temp =asc2_2412[chr][t];//调用 2412 字体
        else
            return;//没有的字库
        for (t1 =0;t1 <8;t1 ++)
        {
            if (temp&0x80)
                OLED_DrawPoint(x,y,mode);
```

```
            else
                OLED_DrawPoint(x,y,! mode);
            temp <<=1;
            y ++;
            if ((y - y0) == size)
            {
                y = y0;x ++;
                break;
            }
        }
    }
}
```

该函数为字符以及字符串显示的核心部分，函数中"chr = chr - ' ';"这句是要得到在字符点阵数据里面的实际地址。取模是从空格键开始的，例如 oled_asc2_1206[0][0]代表的是空格符开始的点阵码。接下来的代码也是按照从上到下，从左到右的取模方式编写的，先得到最高位，然后判断是否画点；接着读第二位，如此循环，直到一个字符的点阵全部取完为止。这部分所涉及的列地址和行地址的自增，根据取模方式来理解就不难了。

"oled. h"的关键代码如下：

```
//OLED 模式设置
//0:4 线串行模式
//1:并行8080 模式
#define OLED_MODE 1
//OLED 端口定义
#define OLED_CS_Clr()GPIO_ResetBits(GPIOD,GPIO_Pin_6)
#define OLED_CS_Set()GPIO_SetBits(GPIOD,GPIO_Pin_6)
#define OLED_RST_Clr()GPIO_ResetBits(GPIOG,GPIO_Pin_15)
#define OLED_RST_Set()GPIO_SetBits(GPIOG,GPIO_Pin_15)
#define OLED_RS_Clr()GPIO_ResetBits(GPIOD,GPIO_Pin_3)
#define OLED_RS_Set()GPIO_SetBits(GPIOD,GPIO_Pin_3)
#define OLED_WR_Clr()GPIO_ResetBits(GPIOG,GPIO_Pin_14)
#define OLED_WR_Set()GPIO_SetBits(GPIOG,GPIO_Pin_14)
#define OLED_RD_Clr()GPIO_ResetBits(GPIOG,GPIO_Pin_13)
#define OLED_RD_Set()GPIO_SetBits(GPIOG,GPIO_Pin_13)
//PC0 ~7,作为数据线
#define DATAOUT(x)GPIO_Write(GPIOC,x);//输出
```

```
//使用 4 线串行接口时使用
#define OLED_SCLK_Clr()GPIO_ResetBits(GPIOC,GPIO_Pin_0)
#define OLED_SCLK_Set()GPIO_SetBits(GPIOC,GPIO_Pin_0)
#define OLED_SDIN_Clr()GPIO_ResetBits(GPIOC,GPIO_Pin_1)
#define OLED_SDIN_Set()GPIO_SetBits(GPIOC,GPIO_Pin_1)
#define OLED_CMD0    //写命令
#define OLED_DATA 1   //写数据
//OLED 控制用函数
```

```
void OLED_WR_Byte(u8 dat,u8 cmd);
void OLED_Display_On(void);
void OLED_Display_Off(void);
void OLED_Refresh_Gram(void);
void OLED_Init(void);
void OLED_Clear(void)
void OLED_DrawPoint(u8 x,u8 y,u8 t);
void OLED_Fill(u8 x1,u8 y1,u8 x2,u8 y2,u8 dot);
void OLED_ShowChar(u8 x,u8 y,u8 chr,u8 size,u8 mode);
void OLED_ShowNum(u8 x,u8 y,u32 num,u8 len,u8 size);
void OLED_ShowString(u8 x,u8 y,const u8 *p);
#endif
```

该部分比较简单，OLED_MODE 的定义也在这个文件中，必须根据 OLED 模块 BS0 和 BS1 的设置（目前代码仅支持 8080 和 4 线 SPI）来确定 OLED_MODE 的值。这里的 I/O 操作全部采用库函数而没有使用位操作，目的是提高代码的可移植性。

在 OLED 模块上显示字符，只需要在主函数 main() 中写入相应代码即可。例如实现在 OLED 模块上显示一些字符，然后从空格键开始不停地循环显示 ASCII 字符集，并显示该字符的 ASCII 值，主函数源码如下：

```
int main(void)
{
    u8 t;
    delay_init()    //延时函数初始化
    NVIC_PriorityGroupConfig(NVIC_PriorityGroup_2);   //设置 NVIC
中断分组 2
    LED_Init();//LED 端口初始化
    OLED_Init();//初始化
```

```
OLED OLED_ShowString(0,0,"ALIENTEK",24);
OLED_ShowString(0,24,"0.96' OLED TEST",16);
OLED_ShowString(0,40,"ATOM 2015/1/14",12);
OLED_ShowString(0,52,"ASCII:",12);
OLED_ShowString(64,52,"CODE:",12);
OLED_Refresh_Gram();//更新显示到 OLED
t ='';
while(1)
{
    OLED_ShowChar(48,48,t,16,1);   //显示 ASCII 字符
    OLED_Refresh_Gram();
    t ++;
    if (t >' ~')
    t ='';
    OLED_ShowNum(103,48,t,3,16);   //显示 ASCII 字符的码值
    delay_ms(500);LED0 =! LED0;
}
}
```

注意：在"main. c"文件中包含"oled. h"头文件，同时把"oled. c"文件加入 HARDWARE 组下，然后编译此工程，直到编译成功为止。

5.1.4 任务实施

1. 硬件连接

硬件连接原理图如图 5.12 所示。

图 5.12　硬件连接原理图

由原理图分析电路的连接关系。

2. OLED 模块显示需要的相关设置

（1）设置 STM32 与 OLED 模块连接的 I/O 端口为输出。

（2）初始化 OLED 模块。

（3）通过函数将字符和数字显示到 OLED 模块上。

3. 主程序实现"main. c"

4. 运行调试

编译程序，如有错误可根据报错信息进行调试，直至没有错误提示为止，然后将程序下载到开发板中运行，观察 OLED 屏上显示的信息，若不能正确显示想要的字符或汉字，则重新调试程序。

 任务评分表

任务 1 的任务评分表见表 5.5。

表 5.5　任务 1 的任务评分表

班级		姓名		学号		小组	
学习任务名称							
自我评价	1	遵循 6S 管理				□符合	□不符合
	2	不迟到、不早退				□符合	□不符合
	3	能独立完成工作页的填写				□符合	□不符合
	4	具有独立信息检索能力				□符合	□不符合
	5	小组成员分工合理				□符合	□不符合
	6	能制定合理的任务实施计划				□符合	□不符合
	7	能正确使用工具及设备				□符合	□不符合
	8	自觉遵守安全用电规划				□符合	□不符合
	学习效果自我评价等级： 评价人签名：					□优秀　□良好 □合格　□不合格	
小组评价	1	具有安全意识和环保意识				□能	□不能
	2	遵守课堂纪律，不做与课程无关的事情				□能	□不能
	3	清晰表达自己的观点，且正确合理				□能	□不能
	4	积极完成所承担的工作任务				□是	□否
	5	任务是否按时完成				□是	□否
	6	自觉维护教学仪器设备完好性				□是	□否
	学习效果小组评价等级： 小组评价人签名：					□优秀　□良好 □合格　□不合格	

续表

班级			姓名		学号		小组	
学习任务名称								
教师评价	1		能进行学习准备				□能　　　□不能	
	2		课堂表现				□优秀　　□良好 □合格　　□不合格	
	3		任务实施计划合理				□是　　　□否	
	4		硬件连接				□是　　　□否	
	5		OLED 显示设置				□优秀　　□良好 □合格　　□不合格	
	6		主函数实现				□优秀　　□良好 □合格　　□不合格	
	7		编译下载				□优秀　　□良好 □合格　　□不合格	
	8		展示汇报				□优秀　　□良好 □合格　　□不合格	
	9		6S 管理				□符合　　□不符合	
	教师评价等级： 评语： 　　　　　　　　　　指导教师：						□优秀　　□良好 □合格　　□不合格	
学生综合成绩评定：							□优秀　　□良好 □合格　　□不合格	

任务回顾

1. OLED 模块不和＿＿＿＿＿＿接口兼容，所以使用的时候一定要小心，不要直接接到＿＿＿＿＿＿V 的系统上。

2. 模块的 8080 并口读/写的过程为：先根据要写入/读取的数据的类型，设置 DC 为＿＿＿＿＿电平（数据）/＿＿＿＿＿＿电平（命令），然后拉＿＿＿＿＿＿片选，选中＿＿＿＿＿＿，接着根据是读数据还是写数据置＿＿＿＿＿＿或＿＿＿＿＿＿为低，然后在＿＿＿＿＿＿的上升沿，使数据锁存到数据线＿＿＿＿＿上，在＿＿＿＿＿＿的上升沿，使数据写入＿＿＿＿＿＿。

3. 在4线 SPI 模式下，每个数据长度均为_____位，在 SCLK 的上升沿，数据从_____移入_____，并且_____位在前。

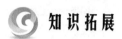 **任务拓展**

利用 OLED 模块显示3种尺寸的字符——"HELLO"，字符大小：24×12；"你好！"，字符大小：16×8；"祖国"，字符大小：12×6。

知识拓展

OLED 发展简史

无论在手机市场还是电视市场，OLED 面板的使用频率都越来越高，也许在不久的将来，OLED 将全面取代 LCD。

OLED 的研究起源于一个偶然的发现。1979年的一天晚上，在美国柯达公司从事科研工作的华裔科学家邓青云博士在回家的路上忽然想起有东西忘记在实验室里，回去以后，他发现黑暗中有个亮的东西。打开灯他发现原来是一块做实验的有机蓄电池在发光。OLED 研究就此开始，邓博士由此也被称为"OLED 之父"。

OLED 正式商用是在1987年，柯达公司推出了一款 OLED 双层器件，展现出了 OLED 的优异性能：更薄、更黑、响应更快。随之越来越多的国际巨头加入 OLED 的研发阵营。

整体上看 OLED 的应用大致可以分为3个阶段。

（1）1997——2001年，OLED 的试用阶段。1997年，OLED 由日本先锋公司在全球首先进行商业化生产并用于汽车音响，作为车载显示器投放市场。

（2）2002——2005年，OLED 的成长阶段。在这一阶段，人们开始逐渐接触到更多带有 OLED 的产品，例如车载显示器、PDA（包括电子词典、手持电脑和个人通信设备等）、相机、手持游戏机、检测仪器等，主要以10英寸以下的小面板为主。

（3）2005年以后，OLED 开始成熟化的阶段。在这一阶段，厂商们纷纷推出成熟的产品。LGD、SMD 公司先后推出55英寸的 OLED 电视。2017年，苹果十周年纪念手机 iPhoneX 采用 OLED 屏幕。OLED 从首次商业应用到成功推出55英寸电视屏仅用了16年时间，而 LCD 走过这段历程则花了32年时间，可见全球 OLED 产业发展非常迅猛。

目前，全球已经有100多家研究单位和企业投入 OLED 的研发和生产，包括目前市场上的显示巨头，如三星、LG、飞利浦、索尼等公司。

虽然 OLED 屏最先运用于车载系统，但人们生活中最常用的电子设备依然是手机和电视。

1. 第一款 OLED 手机

世界上第一款使用 OLED 屏幕的手机是诺基亚的 N85，同时期三星的 OLED 手机比诺基亚晚发布了4个月。非常可惜的是，将 OLED 手机进行推广与布局的是三星公司与苹果公司两大巨头，诺基亚公司并没有分得一杯羹。

2. 第一款 OLED 电视

世界上第一台 OLED 电视是索尼公司在 2007 年发布的第一台民用级 OLED 电视 XEL – 1。XEL – 1 上市时售价约为 2 500 美金，超薄是这款产品最大的亮点，3 mm 的厚度绝对算是业界的最高水准。

与诺基亚公司不同的是，索尼公司抓住了机会，在 OLED 电视市场占据了半壁江山。在 2017 年，索尼公司推出了重新定义 OLED 电视市场的产品：A1。该产品具有以下优点：

（1）画质上，画质芯片的使用改变了 OLED 亮度不足的问题，面板刷新技术也改善了 OLED 烧屏的通病；

（2）音质上，画声合一的银幕声场技术首次实现了屏幕发声，将 OLED 面板"薄"的特性发挥到极致，也影响了其他厂家对 OLED 产品的设计与创造；

（3）设计上，新颖的画架结构荣获 2017 年红点产品设计大奖的最高奖。之后推出的 A9F、A8F 等一系列 OLED 产品也受到了消费者的青睐。

除索尼公司之外，其他电视厂商也不断推出 OLED 新产品。

任务 2　LCD 显示系统的设计与实现

5.2.1　任务分析

1. 任务描述

利用战舰 V3 开发板上的 LCD 接口，在 TFTLCD 模块上实现字符显示功能，同时 D1 指示灯闪烁提示系统正常运行。

2. 任务目标

（1）培养安全意识、担当精神和严谨认真的工作作风；

（2）操作规范，符合 6S 管理要求；

（3）具备自主探究、勤学好问的态度；

（4）了解 LCD 显示原理及分类；

（5）掌握 ILI9341 液晶控制器的使用方法；

（6）掌握 ILI9341 指令的使用方法；

（7）掌握 FSMC 的相关知识及其库函数的使用方法；

（8）掌握 LCD 相关库函数的使用方法；

（9）能够编程实现 TFTLCD 模块字符显示功能。

5.2.2　任务实施规划

LCD 显示系统的设计与实现如图 5.13 所示。

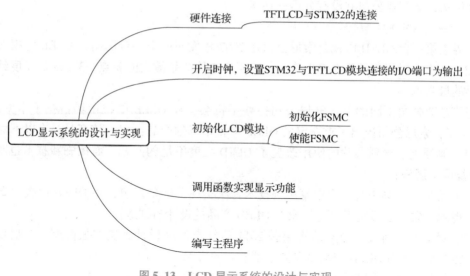

图 5.13　LCD 显示系统的设计与实现

5.2.3　知识链接

1. LCD 简介

液晶显示器（Liquid Crystal Display，LCD）即人们常说的液晶屏。LCD 的构造是在两片平行的玻璃基板当中放置液晶盒，下基板玻璃上设置 TFT（薄膜晶体管），上基板玻璃上设置彩色滤光片，通过 TFT 上的信号与电压改变来控制液晶分子的转动方向，从而控制每个像素点偏振光出射与否而达到显示目的。

LCD 按显示原理分为 STN 和 TFT 两种。STN（Super Twisted Nematic，超扭曲向列）液晶屏包括单色液晶屏及灰度液晶屏。TFT（Thin Film Transistor，薄膜晶体管）彩色液晶屏具有亮度好、对比度高、层次感强、颜色鲜艳等特点，广泛应用于电视、手机、计算机、平板电脑等各种电子产品。

TFTLCD 与无源 TNLCD、STNLCD 的简单矩阵不同，它在液晶显示屏的每一个像素上都设置一个 TFT，可有效地克服非选通时的串扰，使 LCD 的静态特性与扫描线数无关，因此大大提高了图像质量。TFTLCD 也叫作真彩液晶显示器。

ALIENTEK TFTLCD 模块具有如下特点：

（1）有 2.4 英寸/2.8 英寸/3.5 英寸/4.3 英寸/7 英寸 5 种大小的屏幕可选；

（2）2.4 英寸屏幕分辨率为 320×240（3.5 英寸屏幕分辨率为 320×480，4.3 英寸和 7 英寸屏幕分辨率为 800×480）；

（3）16 位真彩显示；

（4）自带触摸屏，可以用来作为控制输入。

例如：2.8 英寸的 ALIENTEK TFTLCD 模块支持 65K 色显示，显示分辨率为 320×240，接口为 16 位的 8080 并行接口（简称 80 并口），自带电阻触摸屏和背光电路。

ALIENTEK TFTLCD 模块的外观如图 5.14 所示。

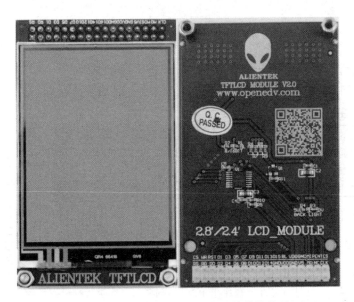

图 5.14　ALIENTEK TFTLCD 模块的外观

ALIENTEK TFTLCD 模块原理图如图 5.15 所示。

ALIENTEK TFTLCD 模块采用 2 × 17 的 2.54 mm 排针与外部连接，接口定义如图 5.16 所示。

由图 5.16 可以看出，ALIENTEK TFTLCD 模块采用 16 位的并方式与外部连接，之所以不采用 8 位方式，是因为彩屏的数据量比较大，尤其在显示图片的时候，用 8 位数据线会比 16 位方式慢 50% 以上。图 5.16 列出了触摸屏芯片的接口。

该模块的 80 并口有如下信号线：

（1）CS：TFTLCD 片选信号；

（2）WR：向 TFTLCD 写入数据；

（3）RD：从 TFTLCD 读取数据；

（4）D[15:0]：16 位双向数据线；

（5）RST：硬复位 TFTLCD；

（6）RS：命令/数据标志（0，读/写命令；1，读/写数据）。

ALIENTEK TFTLCD 模块的 RST 信号线直接接到 STM32 的复位脚上，并不由软件控制，这样可以省下来一个 I/O 端口和一个背光控制线来控制 TFTLCD 的背光。所以，总共需要的 I/O 端口数目为 21 个。注意，标注的 DB1 ~ DB8、DB10 ~ DB17 是相对于 LCD 控制 IC 标注的，实际上可以把它们等同于 D0 ~ D15。

2. 液晶控制器简介

ALIENTEK 提供 2.8/3.5/4.3/7 英寸等不同尺寸的 TFTLCD 模块，其驱动芯片有很多类型，如 ILI9341、ILI9325、RM68042、RM68021、ILI9320、ILI9328、LGDP4531、LGDP4535、SPFD5408、SSD1289、1505、B505、C505、NT35310、NT35510 等。接下来以 ILI9341 液晶控制器为例进行介绍，其他控制器基本类似。

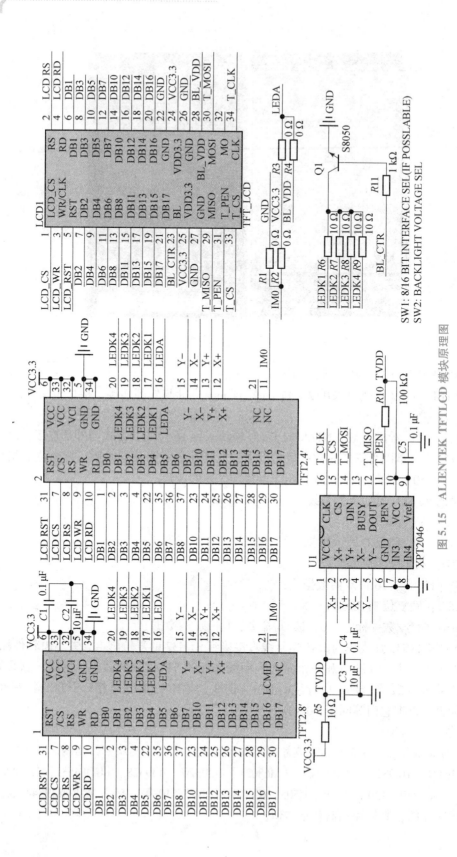

图 5.15 ALIENTEK TFTLCD 模块原理图

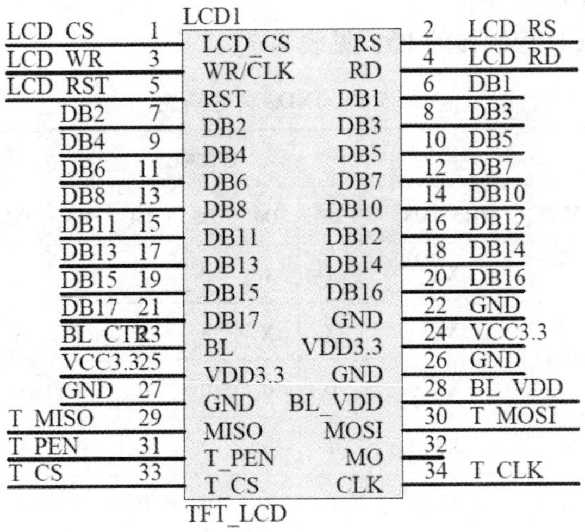

图 5.16 ALIENTEK TFTLCD 模块接口定义

ILI9341 液晶控制器（以下简称 ILI9341）自带显存，其显存总大小为 172 800 bit（240×320×18/8），即 18 位模式（26 万色）下的显存量。在 16 位模式下，ILI9341 采用 RGB565 格式存储颜色数据，此时 ILI9341 的 18 位数据线与 MCU 的 16 位数据线以及 LCD GRAM 的对应关系见表 5.6。

表 5.6 ILI9341 的 18 位数据线与 MCU 的 16 位数据线以及 LCD GRAM 的对应关系

9341 总线	D17	D16	D15	D14	D13	D12	D11	D10	D9	D8	D7	D6	D5	D4	D3	D2	D1	D0
MCU 数据 (16 位)	D15	D14	D13	D12	D11	NC	D10	D9	D8	D7	D6	D5	D4	D3	D2	D1	D0	NC
LCD GRAM (16 位)	R[4]	R[3]	R[2]	R[1]	R[0]	NV	G[5]	G[4]	G[3]	G[2]	G[1]	G[0]	B[4]	B[3]	B[2]	B[1]	B[0]	NC

从表 5.6 可以看出，ILI9341 在 16 位模式下有用的数据线是：D17～D13 和 D11～D1，D0 和 D12 没有用到，实际上在 LCD 模块中，ILI9341 的 D0 和 D12 压根就没有引出来，这样 ILI9341 的 D17～D13 和 D11～D1 对应 MCU 的 D15～D0。

对于 MCU 的 16 位数据，最低 5 位代表蓝色，中间 6 位代表绿色，最高 5 位代表红色。数值越大，表示颜色越深。需要注意的是，ILI9341 所有的指令都是 8 位的（高 8 位无效），且参数除了读/写 GRAM 的时候是 16 位，其他操作参数都是 8 位的，这和 ILI9320 等驱动器不一样，必须加以注意。

3. ILI9341 常用命令

ILI9341 的命令很多，这里只介绍 0XD3、0X36、0X2A、0X2B、0X2C、0X2E 等 6 条命令。

1）读 ID4 命令 0XD3

该命令用于读取 LCD 控制器的 ID，见表 5.7。

表 5.7   0XD3 命令描述

顺序	控制			各位描述									HEX
	RS	RD	WR	D15 ~ D8	D7	D6	D5	D4	D3	D2	D1	D0	
命令	0	1	↑	XX	1	1	0	1	0	0	1	1	D3H
参数 1	1	↑	1	XX	X	X	X	X	X	X	X	X	X
参数 2	1	↑	1	XX	0	0	0	0	0	0	0	0	00H
参数 3	1	↑	1	XX	1	0	0	1	0	0	1	1	93H
参数 4	1	↑	1	XX	0	1	0	0	0	0	0	1	41H

从表 5.7 可以看出，0XD3 命令后面跟了 4 个参数，最后 2 个参数读出来是 0X93 和 0X41，刚好是 ILI9341 的数字部分。通过该命令即可判别所用的 LCD 驱动器是什么型号，这样就可以根据控制器的型号执行对应驱动 IC 的初始化代码，从而兼容不同驱动 IC 的屏，使得一个代码支持多款 LCD。

2）存储访问控制命令 0X36

该命令可以控制 ILI9341 存储器的读写方向，简单地说，就是在连续写 GRAM 的时候可以控制 GRAM 指针的增长方向，从而控制显示方式（读 GRAM 也是一样）。0X36 命令描述见表 5.8。

表 5.8   0X36 命令描述

顺序	控制			各位描述									HEX
	RS	RD	WR	D15 ~ D8	D7	D6	D5	D4	D3	D2	D1	D0	
命令	0	1	↑	XX	0	0	1	1	0	1	1	0	36H
参数	1	1	↑	XX	MY	MX	MV	ML	BGR	MH	0	0	0

从表 5.8 可以看出，0X36 命令后面紧跟一个参数，通过 MY、MX、MV 这 3 个位的设置，可以控制整个 ILI9341 的全部扫描方向，见表 5.9。

表 5.9   MY、MX、MV 设置与 LCD 扫描方向的关系

控制位			效果
MY	MX	MV	LCD 扫描方向（GRAM 自增方式）
0	0	0	从左到右，从上到下
1	0	0	从左到右，从下到上
0	1	0	从右到左，从上到下

续表

控制位			效果
MY	**MX**	**MV**	**LCD 扫描方向（GRAM 自增方式）**
1	1	0	从右到左，从下到上
0	0	1	从上到下，从左到右
0	1	1	从上到下，从右到左
1	0	1	从下到上，从左到右
1	1	1	从下到上，从右到左

　　利用 ILI9341 显示内容有很大灵活性，例如显示 BMP 图片、BMP 解码数据，就是从图片的左下角开始，慢慢显示到右上角。如果设置 LCD 扫描方向为从左到右，从下到上，那么只需要设置一次坐标，然后就不停地往 LCD 填充颜色数据即可，这样可以大大提高显示速度。

　　3）列地址设置命令 0X2A

　　该命令在从左到右，从上到下的扫描方式（默认）下面，用于设置横坐标（x 坐标）。0X2A 命令描述表 5.10。

表 5.10　0X2A 命令描述

顺序	控制			各位描述									HEX
	RS	**RD**	**WR**	**D15~D8**	**D7**	**D6**	**D5**	**D4**	**D3**	**D2**	**D1**	**D0**	
命令	0	1	↑	XX	0	0	1	0	1	0	1	0	2AH
参数 1	1	1	↑	XX	SC15	SC14	SC13	SC12	SC11	SC10	SC9	SC8	SC
参数 2	1	1	↑	XX	SC7	SC6	SC5	SC4	SC3	SC2	SC1	SC0	
参数 3	1	1	↑	XX	EC15	EC14	EC13	EC12	EC11	EC10	EC9	EC8	EC
参数 4	1	1	↑	XX	EC7	EC6	EC5	EC4	EC3	EC2	EC1	EC0	

　　在默认扫描方式时，该命令用于设置 x 坐标，该指令带有 4 个参数，实际上是 2 个坐标值——SC 和 EC，即列地址的起始值和结束值，SC 必须小于等于 EC，且 $0 \leqslant SC/EC \leqslant 239$。一般在设置 x 坐标的时候，只需要带 2 个参数即可，也就是设置 SC 即可，因为如果 EC 没有变化，只需要设置一次即可，也就是在初始化 ILI9341 的时候设置，从而提高速度。

　　4）页地址设置命令 0X2B

　　该命令是在从左到右，从上到下的扫描方式（默认）下，用于设置纵坐标（y 坐标）。0X2B 命令描述见表 5.11。

表 5.11 0X2B 命令描述

顺序	控制			各位描述									HEX
	RS	RD	WR	D15 ~ D8	D7	D6	D5	D4	D3	D2	D1	D0	
命令	0	1	↑	XX	0	0	1	0	1	0	1	0	2BH
参数 1	1	1	↑	XX	SP15	SP14	SP13	SP12	SP11	SP10	SP9	SP8	SP
参数 2	1	1	↑	XX	SP7	SP6	SP5	SP4	SP3	SP2	SP1	SP0	
参数 3	1	1	↑	XX	EP15	EP14	EP13	EP12	EP11	EP10	EP9	EP8	EP
参数 4	1	1	↑	XX	EP7	EP6	EP5	EP4	EP3	EP2	EP1	EP0	

在默认扫描方式时，该命令用于设置 y 坐标，该命令带有 4 个参数，实际上是 2 个坐标值——SP 和 EP，即页地址的起始值和结束值，SP 必须小于等于 EP，且 $0 \leqslant SP/EP \leqslant 319$。一般在设置 y 坐标的时候，只需要带 2 个参数即可，也就是设置 SP 即可，因为如果 EP 没有变化，只需要设置一次即可，也就是在初始化 ILI9341 的时候设置，从而提高速度。

5）写 GRAM 命令 0X2C

在发送该命令之后，便可以往 LCD 的 GRAM 里面写入颜色数据。

LCD 模块的 80 并口写时序示意如图 5.17 所示，其过程为：先根据要写入的数据的类型，设置 RS 为高（数据）/低（命令），然后拉低片选，选中 ILI9341，接着置 WR 为低，最后在 WR 的上升沿使数据写入 ILI9341。

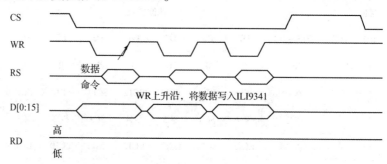

图 5.17 LCD 模块的 8080 并口写时序示意

写 GRAM 命令支持连续写，其描述见表 5.12。

表 5.12 0X2C 命令描述

顺序	控制			各位描述									HEX
	RS	RD	WR	D15 ~ D8	D7	D6	D5	D4	D3	D2	D1	D0	
命令	0	1	↑	XX	0	0	1	0	1	1	0	0	2CH
参数 1	1	1	↑	D1 [15:0]									XX
……	1	1	↑	D2 [15:0]									XX
参数 n	1	1	↑	Dn [15:0]									XX

从表5.12可知，在收到命令0X2C之后，数据有效位宽变为16位，可以连续写入LCD GRAM值，而GRAM的地址将根据MY/MX/MV设置的扫描方向进行自增。例如：假设设置的是从左到右，从上到下的扫描方式，那么设置好起始坐标（通过SC、SP设置）后，每写入一个颜色值，GRAM的地址将自动自增1（SC++），如果碰到EC，则回到SC，同时SP++，一直到坐标（EC，EP）结束，其间无须再次设置坐标，从而大大提高了写入速度。

6）读GRAM命令0X2E

该指令用于读取ILI9341的显存（GRAM）。LCD模块的80并口读时序示意如图5.18所示。

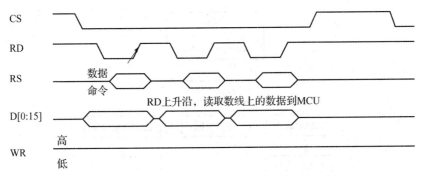

图5.18　LCD模块的80并口读时序示意

由图5.18可知，并口读数据过程为：先根据要读取的数据的类型，设置RS为高（数据）/低(命令)，然后拉低片选，选中ILI9341，接着置RD为低，最后，在RD的上升沿读取数据线上的数据（D[15:0]）。

0X2E命令描述见表5.13所示。

表5.13　0X2E命令描述

顺序	控制			各位描述											HEX
	RS	RD	WR	D15~D11	D10	D9	D8	D7	D6	D5	D4	D3	D2	D1	D0	
命令	0	1	↑	XX				0	0	1	0	1	1	1	0	2EH
参数1	1	↑	1	XX												dummy
参数2	1	↑	1	R1[4:0]	XX			G1[5:0]						XX		R1G1
参数3	1	↑	1	B1[4:0]	XX			R2[4:0]						XX		B1R2
参数4	1	↑	1	G2[5:0]		XX		B2[4:0]						XX		G2B2
参数5	1	↑	1	R3[4:0]	XX			G3[5:0]						XX		R3G3
参数N	1	↑	1	按以上规律输出												

由表 5.13 可知，ILI9341 在收到该命令后，第一次输出的是 dummy 数据，也就是无效的数据，从第二次开始，读取到的才是有效的 GRAM 数据 ［从坐标（SC，SP）开始］，输出规律为：每个颜色分量占 8 个位，一次输出 2 个颜色分量。比如：第一次输出是 R1G1，随后的输出为：B1R2、G2B2、R3G3、B3R4、G4B4、R5G5……，依此类推。如果只需要读取一个点的颜色值，那么只需要接收到参数 3 即可，如果要连续读取（利用 GRAM 地址自增，方法同上），那么就按照上述规律去接收颜色数据。

以上就是操作 ILI9341 常用的几个命令，通过这些命令便可以很好地控制 ILI9341 所要显示的内容。

4. TFTLCD 模块的使用流程

一般 TFTLCD 模块的使用流程如图 5.19 所示。

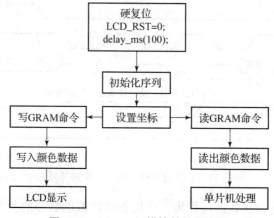

图 5.19　TFTLCD 模块的使用流程

任何 LCD 的使用流程都可以简单地用以上流程图表示。其中硬复位和初始化序列只需要执行一次。画点流程为：设置坐标→写 GRAM 命令→写入颜色数据，然后在 LCD 上面就可以看到对应的点显示写入的颜色。读点流程为：设置坐标→读 GRAM 命令→读取颜色数据，这样就可以获取到对应点的颜色数据。

以上只是最简单的操作，也是最常用的操作，有了这些操作，一般就可以正常使用 TFTLCD 模块。接下来使用该模块（2.8 英寸屏模块）实现字符和数字显示。TFTLCD 模块显示需要的相关设置步骤如下：

（1）设置 STM32F1 与 TFTLCD 模块相连接的 I/O 端口。

对与 TFTLCD 模块相连的 I/O 端口进行初始化，以便驱动 LCD。

（2）初始化 TFTLCD 模块。

按照 TFTLCD 模块的使用流程初始化 TFTLCD 模块。由于 TFTLCD 模块的 RST 同 STM32F1 的 RESET 连接在一起，只要按下开发板的 RESET 键，就会对 LCD 进行硬复位，所以不需要编程实现。

初始化序列就是向 LCD 控制器写入一系列设置值（比如伽马校准），这些初始化序列一般 LCD 供应商会提供给用户，用户直接使用这些序列即可。在初始化之后，LCD 才可以正常使用。

（3）通过函数将字符和数字显示到 TFTLCD 模块上。

这一步按照 TFTLCD 模块的使用流程的左侧流程完成，即设置坐标→写 GRAM 命令→写 GRAM。但是这个步骤只是对一个点的处理，要显示字符或数字，就必须多次进行这个步骤，从而达到显示字符或数字的目的，所以需要设计一个函数来实现数字、字符的显示，之后调用该函数即可。

5. FSMC 存储控制器

大容量且引脚数在 100 脚以上的 STM32F103 芯片都带有 FSMC 接口，战舰 V3 开发板的主芯片为 STM32F103ZET6，带有 FSMC 接口。

FSMC 即灵活的静态存储控制器，能够与同步或异步存储器和 16 位 PC 存储器卡连接，STM32 的 FSMC 接口支持 SRAM、NAND FLASH、NOR FLASH 和 PSRAM 等存储器。

FSMC 框图如图 5.20 所示。

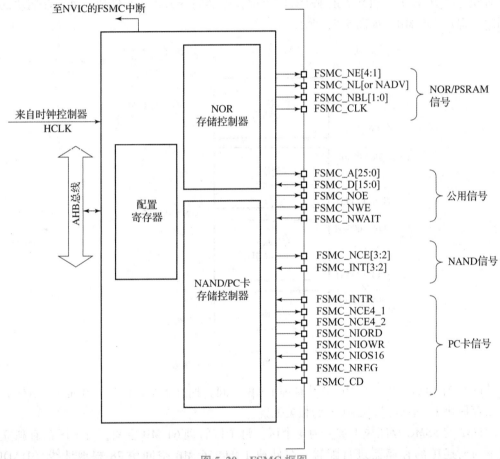

图 5.20　FSMC 框图

从图 5.20 可以看出，STM32 的 FSMC 将外部设备分为 3 类：NOR/PSRAM 设备、NAND 设备、PC 卡设备。它们共用地址数据总线等信号，具有不同的 CS 以区分不同的设备，比如 TFTLCD 就是用 FSMC_NE4 作片选，其实就是将 TFTLCD 当成 SRAM 来控制。

那为什么 TFTLCD 可以当成 SRAM 来控制呢？外部 SRAM 的控制一般有地址线（如 A0 ~ A18）、数据线（如 D0 ~ D15）、写信号（WE）、读信号（OE）、片选信号（CS），如果 SRAM 支持字节控制，那么还有 UB/LB 信号。TFTLCD 的信号包括 RS、D0 ~ D15、WR、

RD、CS、RST 和 BL 等，其中真正在操作 LCD 的时候需要用到的只有 RS、D0 ~ D15、WR、RD 和 CS。其操作时序和 SRAM 的控制完全类似，唯一不同就是 TFTLCD 有 RS 信号，但是没有地址信号。

TFTLCD 模块通过 RS 信号来决定传送的数据是数据还是命令，本质上可以理解为一个地址信号，比如把 RS 接在 A0 上面，那么当 FSMC 控制器写地址 0 的时候，会使 A0 变为 0，对 TFTLCD 模块来说就是写命令。而 FSMC 写地址 1 的时候，A0 将会变为 1，对 TFTLCD 来说就是写数据了。这样就把数据和命令区分开了，它们其实就是对应 SRAM 操作的两个连续地址。当然 RS 也可以接在其他地址线上，战舰 V3 开发板是把 RS 连接在 A10 上。

1）FSMC 外部设备地址映像

STM32 的 FSMC 支持 8/16/32 位数据宽度，这里用到的 LCD 是 16 位宽度的，所以在设置的时候选择 16 位宽。STM32 的 FSMC 将外部存储器划分为 4 个存储块，每个存储块的大小固定，都是 256 MB，如图 5.21 所示。

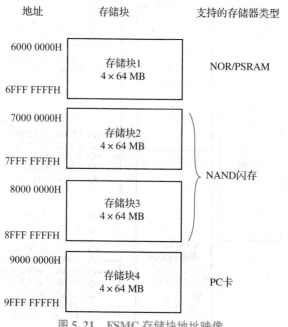

图 5.21　FSMC 存储块地址映像

从图 5.21 可以看出，FSMC 总共管理 1 GB 空间，拥有 4 个存储块（Bank），本任务用到的是存储块 1，所以仅讨论块 1 的相关配置。

STM32 的 FSMC 存储块 1 被分为 4 个区，每个区管理 64 MB 空间，每个区都有独立的寄存器对所连接的存储器进行配置。存储块 1 的 256 MB 空间由 28 根地址线（HADDR[27:0]）寻址。

这里 HADDR 是内部 AHB 地址总线，其中 HADDR[25:0] 来自外部存储器地址 FSMC_A[25:0]，而 HADDR[26:27] 对 4 个区进行寻址，见表 5.14。

应特别注意 HADDR[25:0] 的对应关系。当存储块 1 接 16 位宽度存储器的时候：HADDR[25:1]→FSMC-A[24:0]。当存储块 1 接 8 位宽度存储器的时候：HADDR[25:0]→FSMC_A[25:0]。

表 5.14 存储块 1 的存储区选择

存储块 1 所选区	片选信号	地址范围	HADDR	
			[27:26]	[25:0]
第 1 区	FSMC_NE1	0X60000000 ~ 0X63FFFFFF	00	FSMC_A[25:0]
第 2 区	FSMC_NE2	0X64000000 ~ 0X67FFFFFF	01	
第 3 区	FSMC_NE3	0X68000000 ~ 0X6BFFFFFF	10	
第 4 区	FSMC_NE4	0X6C000000 ~ 0X6FFFFFFF	11	

不论外部接 8 位还是 16 位宽度的设备，FSMC_A[0] 永远接在外部设备地址 A[0]。

本任务中，TFTLCD 使用的是 16 位数据宽度，所以 HADDR[0] 并没有用到，只有 HADDR[25:1] 是有效的，对应关系变为：HADDR[25:1]→FSMC_A[24:0]，相当于右移了 1 位。另外，HADDR[27:26] 的设置是不需要人为干预的，比如：当选择使用存储块 1 的第 3 区，即使用 FSMC_NE3 连接外部设备的时候，对应了 HADDR[27:26] = 10，要做的就是配置对应第 3 区的寄存器组，以适应外部设备。STM32 的 FSMC 各存储块配置寄存器如表 5.15 所示。

表 5.15 FSMC 各存储块配置寄存器表

内部控制器	存储块	管理的地址范围	支持的设备类型	配置寄存器
NOR FLASH 控制器	存储块 1	0X60000000 ~ 0X6FFFFFFF	SRAM/ROM NOR FLASH PSRAM	FSMC_BCR1/2/3/4 FSMC_BTR1/2/2/3 FSMC_BWTR1/2/3/4
NAND FLASH /PC 卡 控制器	存储块 2	0X70000000 ~ 0X7FFFFFFF	NAND FLASH	FSMC_PCR2/3/4 FSMC_SR2/3/4 FSMC_PMEM2/3/4 FSMC_PATT2/3/4 FSMC_PIO4
	存储块 3	0X80000000 ~ 0X8FFFFFFF		
	存储块 4	0X90000000 ~ 0X9FFFFFFF	PC 卡	

对于 NOR FLASH 控制器，主要是通过 FSMC_BCRx、FSMC_BTRx 和 FSMC_BWTRx 寄存器设置（其中 x = 1 ~ 4 对应 4 个区）。通过这 3 个寄存器，可以设置 FSMC 访问外部存储器的时序参数，拓宽了可选用的外部存储器的速度范围。

2）同步和异步突发

FSMC 的 NOR FLASH 控制器支持同步和异步突发两种访问方式。选用同步突发访问方式时，FSMC 将 HCLK（系统时钟）分频后，发送给外部存储器作为同步时钟信号 FSMC_CLK。此时需要的设置的时间参数有两个：

（1）HCLK 与 FSMC_CLK 的分频系数（CLKDIV），可以为 2 ~ 16 分频；

（2）同步突发访问中获得第 1 个数据所需要的等待延迟（DATLAT）。

对于异步突发访问方式，FSMC 主要设置 3 个时间参数：地址建立时间（ADDSET）、数据建立时间（DATAST）和地址保持时间（ADDHLD）。FSMC 综合了 SRAM/ROM、PSRAM 和 NOR FLASH 产品的信号特点，定义了 4 种不同的异步时序模型。选用不同的时序模型时，需要设置不同的时序参数，见表 5.16。

表 5.16　NOR FLASH 控制器支持的时序模型

时序模型		简单描述	时间参数
同步突发		根据同步时钟 FSMC_CK 读取 多个顺序单元的数据	CLKDIV、DATLAT
异步	模式 1	SRAM/CRAM 时序	DATAST、ADDSET
	模式 A	SRAM/CRAM OE 选通型时序	DATAST、ADDSET
	模式 2/B	NOR FLASH 时序	DATAST、ADDSET
	模式 C	NOR FLASH OE 选通型时序	DATAST、ADDSET
	模式 D	延长地址保持时间的异步时序	DATAST、ADDSET、ADDHLK

在实际扩展时，根据选用存储器的特征确定时序模型，从而确定各时间参数与存储器读/写周期参数指标之间的计算关系；利用该计算关系和存储芯片数据手册中给定的参数指标，可计算出 FSMC 需要的各时间参数，从而对时间参数寄存器进行合理的配置。

本任务使用异步模式 A 方式控制 TFTLCD，模式 A 的读操作时序示意如图 5.22 所示。

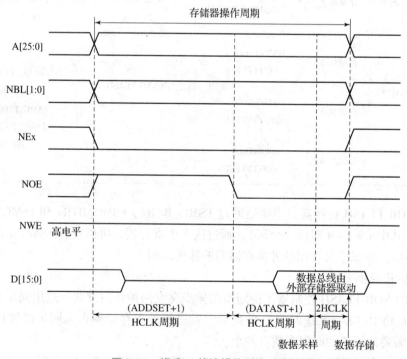

图 5.22　模式 A 的读操作时序示意

模式 A 支持独立的读/写时序控制，这对于驱动 TFTLCD 非常有用，因为 TFTLCD 在读的时候一般比较慢，而在写的时候可以比较快，如果读、写用一样的时序，那么只能以读的时序为基准，从而导致写的速度变慢，或者在读数据的时候，重新配置 FSMC 的延时，在读操作完成的时候，再配置回写的时序，这样虽然也不会降低写的速度，但是频繁更改配置比较麻烦。而如果有独立的读/写时序控制，那么只要初始化的时候配置好，之后就不用再配置，既可以满足速度要求，又不需要频繁更改配置。

模式 A 的写操作时序示意如图 5.23 所示。

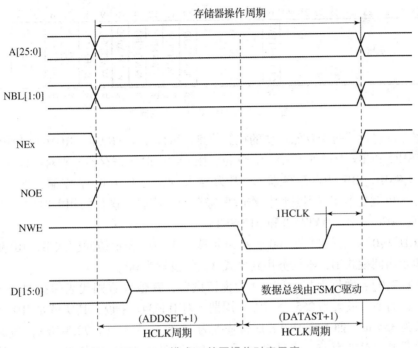

图 5.23　模式 A 的写操作时序示意

从模式 A 的读/写操作时序示意图可以看出，读操作还存在额外的 2 个 HCLK 周期，用于数据存储，所以对于同样的配置读操作一般比写操作慢一点。图 5.22 和图 5.23 中的 ADDSET 与 DATAST 是通过不同的寄存器设置的，接下来讲解存储块 1 的几个控制寄存器。

（1）SRAM/NOR 闪存片选控制寄存器：FSMC_BCRx（x = 1~4）。该寄存器各位描述如图 5.24 所示。

31 30 29 28 27 26 25 24 23 22 21 20	19	18 17 16	15	14	13	12	11	10	9	8	7	6	5 4	3 2	1	0
保留	CBURSTRW	保留	EXTMOD	WAITEN	WREN	WAITCFG	WRAPMOD	WAITPOL	BURSTEN	保留	FACCEN	MWID	MTYP		MUXEN	MBKEN
res	rw	res	rw	rw	rw	rw	rw	rw	rw	res	rw	rw	rw		rw	rw

图 5.24　FSMC_BCRx 各位描述

EXTMOD：扩展模式使能位，也就是是否允许读/写不同的时序，如果需要读/写不同的时序，该位设置为 1。

WREN：写使能位。需要向 TFTLCD 写数据，故该位必须设置为 1。MWID[1:0]：存储器数据总线宽度。00 表示 8 位数据模式；01 表示 16 位数据模式；10 和 11 保留。TFTLCD 是 16 位数据线，所以设置 WMID[1:0]=01。

MTYP[1:0]：存储器类型。00 表示 SRAM、ROM；01 表示 PSRAM；10 表示 NOR FLASH；11 保留。如果把 TFTLCD 当成 SRAM 使用，需要设置 MTYP[1:0]=00。

MBKEN：存储块使能位。因为需要用到该存储块控制 TFTLCD，故要使能这个存储块。

（2）SRAM/NOR 闪存片选时序寄存器：FSMC_BTRx（x=1~4）。该寄存器各位描述如图 5.25 所示。

31 30 29 28 27 26 25 24 23 22 21 20	19	18 17 16	14	13	12	11	10	9	8	7	6	5 4	3 2	1	0
保留	CBURSTRW	保留	EXTMOD	WAITEN	WREN	WAITCFG	WRAPMOD	WAITPOL	BURSTEN	保留	FACCEN	MWID	MTYP	MUXEN	MBKEN
res	rw	res	rw	rw	rw	rw	rw	rw	rw	res	rw	rw	rw	rw	rw

图 5.25　FSMC_BTRx 各位描述

这个寄存器包含了每个存储器块的控制信息，可以用于 SRAM、ROM 和 NOR 闪存存储器。如果 FSMC_BCRx 中设置了 EXTMOD 位，则有两个时序寄存器分别对应读（本寄存器）和写操作（FSMC_BWTRx 寄存器）。因为要求读、写分开时序控制，所以必须使能 EXTMOD 位，也就是本寄存器是读操作时序寄存器，控制读操作的相关时序。本任务要用到的设置有：ACCMOD、DATAST 和 ADDSET。

ACCMOD[1:0]：访问模式。00 表示访问模式 A；01 表示访问模式 B；10 表示访问模式 C；11 表示访问模式 D，本任务用到模式 A，故设置为 00。

DATAST[7:0]：数据保持时间。0 为保留设置，其他设置则代表保持时间为 DATAST 个 HCLK 时钟周期，最大为 255 个 HCLK 周期。对 ILI9341 来说，其实就是 RD 低电平持续时间，一般为 355 ns。而一个 HCLK 时钟周期是 13.8 ns 左右（1/72 MHz），为了兼容其他屏，这里设置 DATAST 为 15，也就是 16 个 HCLK 周期，时间大约是 234 ns（未计算数据存储的 2 个 HCLK 时间，对 ILI9341 来说超频，但是实际上可以正常使用）。

ADDSET [3:0]：地址建立时间。其建立时间为 ADDSET 个 HCLK 周期，最大为 15 个 HCLK 周期。对 ILI9341 来说，这相当于 RD 高电平持续时间，为 90 ns，本来这里应该设置和 DATAST 一样，但是由于 STM32F103 FSMC 的性能问题，就算设置 ADDSET 为 0，RD 的高电平持续时间也达到了 190 ns 以上，所以可以设置 ADDSET 为较小的值，这里设置 ADDSET 为 1，即 2 个 HCLK 周期，实际 RD 高电平持续时间大于 200 ns。

（3）SRAM/NOR 闪写时序寄存器：FSMC_BWTRx（x=1~4）。该寄存器各位描述如图 5.26 所示。

31 30 29 28	27 26 25 24	23 22 21 20	19 18 17 16 15 14 13 12 11 10 9 8	7 6 5 4	3 2 1 0
保留 ACCMOD	DATLAT	CLKDIV	保留　DATAST	ADDHLD	ADDSET
res　rw	rw	rw	res　　　rw	rw	rw

图 5.26　FSMC_BWTRx 各位描述

该寄存器用作写操作时序控制寄存器，需要用到的设置同样是 ACCMOD、DATAST 和 ADDSET。这 3 个设置的方法同 FSMC_BTRx 一模一样，只是这里对应的是写操作时序，ACCMOD 设置与 FSMC_BTRx 相同，同样选择模式 A，另外 DATAST 和 ADDSET 则对应低电平和高电平持续时间。对 ILI9341 来说，这两个时间只需要 15 ns 就够了，比读操作快得多，所以这里设置 DATAST 为 3，即 4 个 HCLK 周期，时间约为 55 ns（对于 9320 等控制器，这个时间要求比较长，为 50 ns）。ADDSET（也存在性能问题）设置为 1 个 HCLK 周期，实际 WR 高电持续时间大于 100 ns。

注意：MDK 并没有定义 FSMC_BCRx、FSMC_BTRx、FSMC_BWTRx 等单独的寄存器，而是对它们进行了一些组合。FSMC_BCRx 和 FSMC_BTRx 组合成 BTCR[8] 寄存器组，它们的对应关系如下：

BTCR[0]对应 FSMC_BCR1；

BTCR[1]对应 FSMC_BTR1；

BTCR[2]对应 FSMC_BCR2；

BTCR[3]对应 FSMC_BTR2；

BTCR[4]对应 FSMC_BCR3；

BTCR[5]对应 FSMC_BTR3；

BTCR[6]对应 FSMC_BCR4；

BTCR[7]对应 FSMC_BTR4。

FSMC_BWTRx 则组合成 BWTR[7]，它们的对应关系如下：

BWTR[0]对应 FSMC_BWTR1；

BWTR[2]对应 FSMC_BWTR2；

BWTR[4]对应 FSMC_BWTR3；

BWTR[6]对应 FSMC_BWTR4；

BWTR[1]、BWTR[3]和 BWTR[5]保留，没有用到。

6. FSMC 相关库函数

1）FSMC 初始化函数

初始化 FSMC 主要是初始化 3 个寄存器 FSMC_BCRx、FSMC_BTRx、FSMC_BWTRx，那么在标准外设库中是怎么初始化这 3 个寄存器的呢？标准外设库提供了 3 个 FSMC 初始化函数，分别为：

```
FSMC_NORSRAMInit();  //NOR、SRAM 初始化函数
FSMC_NANDInit();  //NAND Flash 初始化函数
FSMC_PCCARDInit();  //PC Card 初始化函数
```

TFTLCD 的操作时序和 SRAM 的控制完全类似，唯一不同就是 TFTLCD 有 RS 信号，但是没有地址信号，因此可将其当作 SRAM 对待。接下来介绍函数 FSMC_NORSRAMInit()。

函数原型：void FSMC_NORSRAMInit(FSMC_NORSRAMInitTypeDef *
                            FSMC_NORSRAMInitStruct);

功能：初始化存储器 NOR 和 SRAM；

参数：FSMC_NORSRAMInitTypeDef 类型指针变量，这个结构体的成员变量是对 FSMC 相关的配置。

```c
typedef struct
{
    uint32_t FSMC_Bank;
    uint32_t FSMC_DataAddressMux;
    uint32_t FSMC_MemoryType;
    uint32_t FSMC_MemoryDataWidth;
    uint32_t FSMC_BurstAccessMode;
    uint32_t FSMC_AsynchronousWait;
    uint32_t FSMC_WaitSignalPolarity;
    uint32_t FSMC_WrapMode;
    uint32_t FSMC_WaitSignalActive;
    uint32_t FSMC_WriteOperation;
    uint32_t FSMC_WaitSignal;
    uint32_t FSMC_ExtendedMode;
    uint32_t FSMC_WriteBurst;
    FSMC_NORSRAMTimingInitTypeDef * FSMC_ReadWriteTimingStruct;
    FSMC_NORSRAMTimingInitTypeDef * FSMC_WriteTimingStruct;
} FSMC_NORSRAMInitTypeDef;
```

前面 13 个是基本类型（unit32_t）的成员变量，这 13 个参数用来配置片选控制寄存器 FSMC_BCRx。后面两个是 SMC_NORSRAMTimingInitTypeDef 指针类型的成员变量。FSMC 有读时序和写时序之分，所以这两个成员变量就是用来设置读时序和写时序的参数，也就是说，这两个参数用来配置寄存器 FSMC_BTRx 和 FSMC_BWTRx。

下面具体讲解模式 A 下的相关配置参数：

参数 FSMC_Bank 用来设置使用到的存储块标号和区号，如果用到的是存储块 1 区号 4，则选择值为 FSMC_Bank1_NORSRAM4。

参数 FSMC_MemoryType 用来设置存储器类型，本任务使用的是 SRAM，所以选择值为 FSMC_MemoryType_SRAM。

参数 FSMC_MemoryDataWidth 用来设置数据宽度，可选 8 位或 16 位，本任务使用的是 16 位数据宽度，所以选择值为 FSMC_MemoryDataWidth_16b。

参数 FSMC_WriteOperation 用来设置写使能，如果要向 TFT 写数据，则要写使能，选择值为 FSMC_WriteOperation_Enable。

参数 FSMC_ExtendedMode 是设置扩展模式使能位，也就是是否允许读/写不同的时序，如果采取不同的读/写时序，选择值为 FSMC_ExtendedMode_Enable。

上面的这些参数是与模式 A 相关的，其他几个参数的意义如下：

参数 FSMC_DataAddressMux 用来设置地址/数据复用使能，若设置为使能，那么地址的

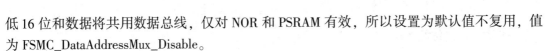

低 16 位和数据将共用数据总线，仅对 NOR 和 PSRAM 有效，所以设置为默认值不复用，值为 FSMC_DataAddressMux_Disable。

参数 FSMC_BurstAccessMode、FSMC_AsynchronousWait、FSMC_WaitSignalPolarity、FSMC_WaitSignalActive、FSMC_WrapMode、FSMC_WaitSignal、FSMC_WriteBurst 和 FSMC_WaitSignal 在同步模式下成组传输数据时才需要设置，可以参考中文参考手册了解相关参数的意思。

参数 FSMC_ReadWriteTimingStruct 和 FSMC_WriteTimingStruct 是设置读/写时序参数的两个变量，它们都是 FSMC_NORSRAMTimingInitTypeDef 结构体指针类型，这两个参数在初始化的时候分别用来初始化片选控制寄存 FSMC_BTRx 和写操作时序控制寄存器 FSMC_BWTRx。

FSMC_NORSRAMTimingInitTypeDef 类型的定义如下：

```
typedef struct
{
    uint32_t FSMC_AddressSetupTime;
    uint32_t FSMC_AddressHoldTime;
    uint32_t FSMC_DataSetupTime;
    uint32_t FSMC_BusTurnAroundDuration;
    uint32_t FSMC_CLKDivision;
    uint32_t FSMC_DataLatency;
    uint32_t FSMC_AccessMode;
}FSMC_NORSRAMTimingInitTypeDef;
```

这个结构体有 7 个参数，用来设置 FSMC 读/写时序。这些参数主要涉及地址建立保持时间、数据建立时间等配置。由于读/写时序不一样，读/写速度要求也不一样，所以对于参数 FSMC_DataSetupTime 设置了不同的值。

2）FSMC 使能函数

FSMC 对不同的存储器类型同样提供了不同的使能函数，具体如下：

```
//NOR、SRAM 使能
void FSMC_NORSRAMCmd(uint32_t FSMC_Bank,FunctionalState NewState);
//NAND Flash 使能
void FSMC_NANDCmd(uint32_t FSMC_Bank,FunctionalState NewState);
//PC Card 使能
void FSMC_PCCARDCmd(FunctionalState NewState);
```

7. LCD 相关函数

1）LCD 操作结构体

TFTLCD 的 RS 接在 FSMC 的 A10 上，CS 接在 FSMC_NE4 上，并且是 16 位数据总线，例如使用 FSMC 存储块 1 的第 4 区，则在"lcd. h"中定义 LCD 操作结构体如下：

```
//LCD 操作结构体
typedef struct
{
    u16 LCD_REG;
    u16 LCD_RAM;
}LCD_TypeDef;
//使用 NOR/SRAM 的 Bank1.sector4,地址位 HADDR[27,26]=11  A10 作为数据
命令区分线
//注意 16 位数据总线时,STM32 内部地址会右移 1 位对齐!
#define LCD_BASE((u32)(0x6C000000|0x000007FE))
#define LCD((LCD_TypeDef *)LCD_BASE)
```

其中 LCD_BASE 必须根据外部电路的连接来确定，Bank1.sector4 是从地址 0X6C000000 开始，而 0X000007FE 则是 A10 的偏移量。将这个地址强制转换为 LCD_TypeDef 结构体地址，那么可以得到 LCD -> LCD_REG 的地址是 0X6C0007FE，对应 A10 的状态为 0（即RS = 0），而 LCD -> LCD_RAM 的地址就是 0X6C000800（结构体地址自增），对应 A10 的状态为 1（即 RS = 1）。

所以，基于上述定义，要往 LCD 写命令/数据的时候，用如下语句实现：

```
LCD -> LCD_REG = CMD;   //写命令
LCD -> LCD_RAM = DATA;   //写数据
```

读的时候反过来操作即可：

```
CMD = LCD -> LCD_REG;   //读 LCD 寄存器
DATA = LCD -> LCD_RAM;   //读 LCD 数据
```

CS、WR、RD 和 I/O 端口方向都是由 FSMC 控制，不需要手动设置。

2）LCD 参数集结构体

"lcd.h" 中的另一个重要 LCD 参数集结构体如下：

```
//LCD 重要参数集
typedef struct
{
    u16 width;   //LCD 宽度
    u16 height;   //LCD 高度
    u16 id;     //LCD ID
    u8 dir;      //横屏还是竖屏控制:0,竖屏;1,横屏。
    u16 wramcmd;  //开始写 GRAM 命令
    u16 setxcmd;  //设置 x 坐标命令
    u16 setycmd;  //设置 y 坐标命令
```

```
}_lcd_dev;
//LCD 参数
extern_lcd_dev lcddev;//管理 LCD 重要参数
```

该结构体用于保存一些 LCD 重要参数信息，比如 LCD 的长宽、LCD ID（驱动 IC 型号）、LCD 横/竖屏状态等。这个结构体虽然占用了 10 个字节的内存，但是可以让驱动函数支持不同尺寸的 LCD，同时可以实现 LCD 横/竖屏切换等重要功能。

3）写寄存器函数

```
//regval:寄存器值
void LCD_WR_REG(u16 regval)
{
    LCD -> LCD_REG = regval;   //写入要写的寄存器序号
}
```

4）写 LCD 数据

```
//data:要写入的值
void LCD_WR_DATA(u16 data)
{
    LCD -> LCD_RAM = data;
}
```

5）读 LCD 数据

```
//返回值:读到的值
u16 LCD_RD_DATA(void)
{
    u16 ram;   //防止被优化
    ram = LCD -> LCD_RAM;
    return ram;
}
```

6）写寄存器

```
//LCD_Reg:寄存器地址
//LCD_RegValue:要写入的数据
void LCD_WriteReg(u16 LCD_Reg,u16 LCD_RegValue)
{
    LCD -> LCD_REG = LCD_Reg;   //写入要写的寄存器序号
    LCD -> LCD_RAM = LCD_RegValue;//写入数据
}
```

7）读寄存器

```
//LCD_Reg:寄存器地址
//返回值:读到的数据
u16 LCD_ReadReg(u16 LCD_Reg)
{
    LCD_WR_REG(LCD_Reg);    //写入要读的寄存器序号
    delay_us(5);
    return LCD_RD_DATA();    //返回读到的
}
```

8）开始写 GRAM

```
void LCD_WriteRAM_Prepare(void)
{
    LCD -> LCD_REG = lcddev.wramcmd;
}
```

9）LCD 写 GRAM

```
//RGB_Code:颜色值
void LCD_WriteRAM(u16 RGB_Code)
{
    LCD -> LCD_RAM = RGB_Code;    //写 16 位 GRAM
}
```

因为 FSMC 自动控制了 WR、RD、CS 等信号，所以这 7 个函数实现起来非常简单。

注意：上面有几个函数添加了一些对 MDK - O2 优化的支持，若去掉，则在 M - O2 优化的时候会出问题。

10）坐标设置函数

```
//设置光标位置
//Xpos:横坐标
//Ypos:纵坐标
void LCD_SetCursor(u16 Xpos,u16 Ypos)
{
    if(lcddev.id ==0X9341||lcddev.id ==0X5310)
    {
        LCD_WR_REG(lcddev.setxcmd);
        LCD_WR_DATA(Xpos >>8);LCD_WR_DATA(Xpos&0XFF);
        LCD_WR_REG(lcddev.setycmd);
```

```
            LCD_WR_DATA(Ypos >>8);
            LCD_WR_DATA(Ypos&0XFF);
    }else if(lcddev.id ==0X6804)
    {
            if(lcddev.dir ==1)Xpos = lcddev.width -1 -Xpos;//横屏时
处理
            LCD_WR_REG(lcddev.setxcmd);
            LCD_WR_DATA(Xpos >>8);
            LCD_WR_DATA(Xpos&0XFF);
            LCD_WR_REG(lcddev.setycmd);
            LCD_WR_DATA(Ypos >>8);
            LCD_WR_DATA(Ypos&0XFF);
    }else if(lcddev.id ==0X1963)
    {
            if(lcddev.dir ==0)   //x坐标需要变换
            {
                Xpos - lcddev.width -1 -Xpos;
                LCD_WR_REG(lcddev.setxcmd);
                LCD_WR_DATA(0);
                LCD_WR_DATA(0);
                LCD_WR_DATA(Xpos >>8);
                LCD_WR_DATA(Xpos&0XFF);
            }else
            {
                LCD_WR_REG(lcddev.setxcmd);
                LCD_WR_DATA(Xpos >>8);
                LCD_WR_DATA(Xpos&0XFF);
                LCD_WR_DATA((lcddev.width -1) >>8);
                LCD_WR_DATA((lcddev.width -1)&0XFF);
            }
            LCD_WR_REG(lcddev.setycmd);
            LCD_WR_DATA(Ypos >>8);
            LCD_WR_DATA(Ypos&0XFF);
            LCD_WR_DATA((lcddev.height -1) >>8);
            LCD_WR_DATA((lcddev.height -1)&0XFF);
    }else if(lcddev.id ==0X5510)
```

```
        {
            LCD_WR_REG(lcddev.setxcmd);
            LCD_WR_DATA(Xpos >>8);
            LCD_WR_REG(lcddev.setxcmd +1);
            LCD_WR_DATA(Xpos&0XFF);
            LCD_WR_REG(lcddev.setycmd);
            LCD_WR_DATA(Ypos >>8);
            LCD_WR_REG(lcddev.setycmd +1);
            LCD_WR_DATA(Ypos&0XFF);
        }else
        {
            if (lcddev.dir ==1)Xpos =lcddev.width -1 -Xpos;   //横屏其
实就是调转 x,y 坐标
            LCD_WriteReg(lcddev.setxcmd,Xpos);
            LCD_WriteReg(lcddev.setycmd,Ypos);
        }
    }
```

该函数实现了将 LCD 的当前操作点设置到指定坐标 (x, y)。lcddev. setxcmd、lcddev. setycmd、lcddev. width、lcddev. height 等命令/参数都是在 LCD_Display_Dir( )函数中初始化的，该函数根据 lcddev. id 的不同，执行不同的设置。

11）画点函数

```
//画点
//x,y:坐标
//POINT_COLOR:此点的颜色
void LCD_DrawPoint(u16 x,u16 y)
{
    LCD_SetCursor(x,y);          //设置光标位置
    LCD_WriteRAM_Prepare();   //开始写入 GRAM
    LCD -> LCD_RAM = POINT_COLOR
}
```

该函数先设置坐标，然后往坐标写颜色。其中 POINT_COLOR 是定义的一个全局变量，用于存放画笔颜色，BACK_COLOR 变量代表 LCD 的背景色。

12）读点函数

读取 TFTLCD 模块数据的函数为 LCD_ReadPoint( )，该函数直接返回读到的 GRAM 值。该函数使用之前要先设置读取的 GRAM 地址，通过 LCD_SetCursor( )函数实现。函数 LCD_ReadPoint( )的代码如下：

```
//读取个某点的颜色值
//x,y:坐标
//返回值:此点的颜色
u16 LCD_ReadPoint(u16 x,u16 y)
{
    u16 r=0,g=0,b=0;
    if(x>=lcddev.width||y>=lcddev.height)  return 0;  //超过了范围,直接返回
    LCD_SetCursor(x,y); if(lcddev.id==0X9341||lcddev.id==0X6804||lcddev.id==0X5310||lcddev.id==0X1963)
    LCD_WR_REG(0X2E);  //9341/6804/3510/1963 发送读GRAM指令
    //5510 发送读GRAM指令
    else if(lcddev.id==0X5510)  LCD_WR_REG(0X2E00);
    else LCD_WR_REG(0X22);//其他IC发送读GRAM指令
    if(lcddev.id==0X9320)  opt_delay(2);  //FOR 9320,延时2 us
    r=LCD_RD_DATA();//dummy Read
    if(lcddev.id==0X1963)  return r;//1963直接读就可以
    opt_delay(2);
    r=LCD_RD_DATA();  //实际坐标颜色
    //这些LCD要分2次读出
    if(lcddev.id==0X9341||lcddev.id==0X5310||lcddev.id==0X5510)
    {
        opt_delay(2);
        b=LCD_RD_DATA();
        //对于9341/5310,第一次读取的是RG值,R在前,G在后,各占8位
        g=r&0XFF;
        g<<=8;
    }
    if(lcddev.id==0X9325||lcddev.id==0X4535||lcddev.id==0X4531||lcddev.id==0XB505||lcddev.id==0XC505)  return r;  //这几种IC直接返回颜色值
    else if(lcddev.id==0X9341||lcddev.id==0X5310||lcddev.id==0X5510)
        return(((r>>11)<<11)|((g>>10)<<5)|(b>>11));
            //ILI9341/NT35310/NT35510需要公式转换一下
    else return LCD_BGR2RGB(r);//其他IC
}
```

这段代码支持 ILI9341、NT35310、NT35510 三种 LCD 驱动器。

为什么 OLED 模块没有读 GRAM 的函数，而 LCD 模块有呢？因为 OLED 模块是单色的，所需要全部 GRAM 仅 1 KB，而 TFTLCD 模块为彩色的，点数也比 OLED 模块多很多，以 16 位色计算，一款分辨率 320×240 的液晶，需要 320×240×2 个字节来存储颜色值，也就是也需要 150 KB，这对任何一款单片机来说都不是一个小数目。而且在图形叠加的时候，可以先读回原来的值，然后写入新的值，在完成叠加后，又恢复原来的值。

13）字符显示函数

字符显示函数同前面 OLED 模块的字符显示函数差不多，但是这里的字符显示函数多了一个功能，即以叠加方式显示或者以非叠加方式显示。叠加方式显示多用于在显示的图片上再显示字符。非叠加方式一般用于普通的显示。该函数实现代码如下：

```
//在指定位置显示一个字符
//x,y:起始坐标
//num:要显示的字符:" " ---> " ~ "
//size:字体大小 12/16/24
//mode:叠加方式(1)还是非叠加方式(0)
void LCD_ShowChar(u16 x,u16 y,u8 num,u8 size,u8 mode)
{
    u8 temp,t1,t; u16 y0 =y;
    //得到字体－字符对应点阵集所占的字节数
    u8 csize =(size/8 +((size%8)? 1:0)) * (size/2);
    //ASCII 字库从空格开始取模,所示"num = num -"即可得到对应字符的字库
(点阵)
    for (t =0;t <csize;t ++)
    {
        if (size ==12)temp =asc2_1206[num][t];//调用 1206 字体
        else if (size ==16)temp =asc2_1608[num][t];//调用 1608 字体
        else if (size ==24)temp =asc2_2412[num][t];//调用 2412 字体
        else return;   //没有的字库
        for (t1 =0;t1 <8;t1 ++)
        {
            if (temp&0x80)
                LCD_Fast_DrawPoint(x,y,POINT_COLOR);
            else if (mode ==0)
                LCD_Fast_DrawPoint(x,y,BACK_COLOR);
            temp <<=1;
```

```
        y ++ ;
        if (y >= lcddev.height)return;//超区域了
        if ((y - y0) == size)
        {
                y = y0;
                x ++;
                if (x >= lcddev.width)return;//超区域 break;
        }
    }
}
```

在 LCD_ShowChar( )函数中，采用快速画点函数 LCD_Fast_DrawPoint( )来画点显示字符，该函数同 LCD_DrawPoint( )一样，只是带了颜色参数，且缩短了函数调用的时间。

5.2.4 任务实施

1. 硬件连接

TFTLCD 模块与开发板连接示意如图 5.27 所示。TFTLCD 模块与开发板连接实物如图 5.28 所示。

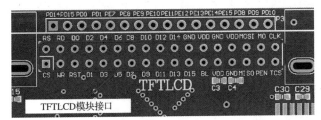

图 5.27 TFTLCD 模块与开发板连接示意

图 5.28 TFTLCD 模块与开发板连接实物

191

图 5.27 中圈出来的部分就是连接 TFTLCD 模块的接口，液晶模块直接插上去即可。简述在硬件上 TFTLCD 模块与战舰 V3 开发板的 I/O 端口对应关系。

2. 实现 TFTLCD 液晶显示步骤

本任务采用 FSMC 的存储块 1 的第 4 区来控制 TFTLCD 模块。

（1）设置 STM32F1 与 TFTLCD 模块相连接的 I/O 端口。

（2）初始化 TFTLCD 模块（写入一系列设置值）。

（3）将要显示的内容写到 TFTLCD 模块内：设置坐标→写 GRAM 命令→写 GRAM。

3. 主函数 main( )

4. 运行调试

编译程序，如有错误可根据报错信息进行调试，直至没有错误提示为止，然后将程序下载到开发板中运行，观察 TFTLCD 屏上显示的信息，若不能正确显示想要的字符，则重新调试程序。

任务评分表

任务 2 的任务评分表见表 5.17。

表 5.17　任务 2 的任务评分表

班级		姓名		学号		小组	
学习任务名称							
自我评价	1	遵循 6S 管理			□符合		□不符合	
	2	不迟到、不早退			□符合		□不符合	
	3	能独立完成工作页的填写			□符合		□不符合	
	4	具有独立信息检索能力			□符合		□不符合	
	5	小组成员分工合理			□符合		□不符合	
	6	能制定合理的任务实施计划			□符合		□不符合	
	7	能正确使用工具及设备			□符合		□不符合	
	8	自觉遵守安全用电规划			□符合		□不符合	
	学习效果自我评价等级： 评价人签名：				□优秀　□良好 □合格　□不合格			

班级		姓名		学号		小组	
学习任务名称							
小组评价	1	具有安全意识和环保意识				□能　　□不能	
	2	遵守课堂纪律，不做与课程无关的事情				□能　　□不能	
	3	清晰表达自己的观点，且正确合理				□能　　□不能	
	4	积极完成所承担的工作任务				□是　　□否	
	5	任务是否按时完成				□是　　□否	
	6	自觉维护教学仪器设备完好性				□是　　□否	
	学习效果小组评价等级： 小组评价人签名：					□优秀　　□良好 □合格　　□不合格	
教师评价	1	能进行学习准备				□能　　□不能	
	2	课堂表现				□优秀　　□良好 □合格　　□不合格	
	3	任务实施计划合理				□是　　□否	
	4	硬件连接				□是　　□否	
	5	TFTLCD 液晶显示				□优秀　　□良好 □合格　　□不合格	
	6	主函数实现				□优秀　　□良好 □合格　　□不合格	
	7	编译下载				□优秀　　□良好 □合格　　□不合格	
	8	展示汇报				□优秀　　□良好 □合格　　□不合格	
	9	6S 管理				□符合　　□不符合	
	教师评价等级： 评语： 　　　　　　　　　　　　指导教师：					□优秀　　□良好 □合格　　□不合格	
学生综合成绩评定：						□优秀　　□良好 □合格　　□不合格	

任务回顾

1. LCD 的中文全称是_____。

2. 液晶控制器 ILI9341 的存储访问控制命令是_____。

3. STM32 的 FSMC 接口支持_____、_____、_____和_____。

4. STM32 的 FSMC 存储块 1（Bank1）被分为_____个区，每个区管理_____MB 空间，每个区都有独立的寄存器对所连接的存储器进行配置。

5. FSMC 的 NOR FLASH 控制器支持_____和_____两种访问方式。

6. 初始化 FSMC 主要是初始化 3 个寄存器，分别是：_____、_____、_____。

7. 用于初始化 SRAM 的库函数是_____。

8. FSMC 如何实现对 TFTLCD 屏的控制？

任务拓展

在 TFTLCD 模块上实现一个滚动的字符串"This is my TFT"，背景是白色，颜色为红色，大小为 8 mm×16 mm，在屏幕中间实现一个膨胀的红色圆形，半径从 10 开始到 100 结束，循环显示。

知识拓展

LCD 的发展历史与趋势

1. LCD 的发展历史

50 年前，瑞士实验室的两位物理学家解开了一个困扰其他科学家多年的谜团。他们的发现是：微小的电振动能解开一种名为"液晶"的新物质的螺旋状分子结构，使晶体阻挡光，然后再次扭曲它们，让光再次通过。

物理学家马丁·沙德博士和沃尔夫冈·赫尔·弗里奇博士用透明电极网格将液晶置于两个塑料表面之间。通过这种方式，他们发现一个单独的图像元素，也称为"像素"，可以用于创造。他们为这个想法申请了瑞士的专利。虽然这个想法在当时没有引起太多的注意，但它却成为液晶显示技术诞生的里程碑。液晶显示技术改变了消费电子产品，为人们提供了一种新的观看世界的方式。

在早期，LCD 的研究人员花了几年时间才发现，对于精密的 LCD 电路和彩色背板组件，最稳定的材料是特殊玻璃，而不是塑料。因此他们开始频繁地向康宁公司求助，希望康宁公司能为他们提供极其稳定、光滑、熔融的下拉玻璃基板，并要求液晶和耐高温工艺的关键性能得以保持。

LCD 从"无源矩阵"模型（主要用于袖珍计算器和电子手表）迅速转变为"有源矩阵"模型，其中每个子像素由一个隔离的薄膜晶体管控制。主动矩阵液晶显示器

（AMLCD）可以呈现宽视角、明亮、快速移动和高分辨率的图像，这是以前不可能实现的。

康宁公司是液晶显示技术发展的重要参与者，并最终成为全球领先的液晶玻璃基板供应商。CorningEAGLEXGGlass 作为世界上的第一个 LCD 玻璃基板已经成为康宁史上最成功产品之一。

在早期，LCD 的研究人员做出了一项伟大的发明，他们发现了阻挡光线的晶体是如何形成图像的。康宁公司也加入他们的团队，提供最好的玻璃基板，并不断改进技术。

这个富有远见的想法塑造了智能手机、平板电脑和沉浸式显示设备的未来。

1）20 世纪 70 年代：计算器和手表

直到 20 世纪中叶，液晶显示技术才开始引起商务人士的注意。日本制造商卡西欧发布了卡西欧手表，号称第一款包含日历功能的电子手表。大约在同一时间，配备液晶显示屏的袖珍计算器开始流行。

2）20 世纪 80 年代初："玩具电视机"用 LCD 实验线制成。

这款小屏幕电视机主要面向少数高端客户，刷新率低、分辨率低、视角有限。在当时许多新兴的平板显示技术中，这台电视机成了新鲜的东西。尽管性能问题在 20 世纪 80 年代普遍存在，但是 LCD 技术引起了人们的极大兴趣，因为消费者从未见过这种平板彩色视频显示器。作为"玩具电视机"的创始人之一，康宁公司为松下公司提供了下拉熔接玻璃基板。

3）20 世纪 90 年代：笔记本电脑

LCD 技术是当时唯一的平板技术平台，笔记本电脑很薄，可以用电池在低压下供电。笔记本电脑的出现使消费者摆脱了电源线的束缚。截至 1995 年，笔记本电脑销量超过 1 000 万台。由于笔记本电脑的发展方向是尽量轻薄，因此笔记本电脑的流行趋势给康宁公司带来了巨大的发展潜力。康宁公司的专利熔制下拉工艺具有制造薄玻璃基板的能力，可提供轻量化的材料，这点尤为重要。

4）21 世纪初：超薄桌面显示器

随着大尺寸屏幕的生产能力超过了笔记本电脑显示器，LCD 正逐渐取代商用、办公室和家用的笨重阴极射线管（CRT）显示器。康宁公司使得更大尺寸和更好性能的新玻璃开始爆发式增长。

5）21 世纪头 10 年：价格实惠的大屏幕液晶电视机

康宁公司拥有生产越来越大的玻璃基板，并满足新工艺和材料需求的能力，使得全球主流消费者买得起大屏幕液晶电视机。

尽管大多数阴极射线管已被送往回收站，但它们的地位已被平板液晶电视机和显示器所取代。曾经最先进的设备正在老化，消费者也在不断更换，但更换的速度并不快。

市场规模仍然很大。液晶电视机的年销量超过 2 亿台，近年来相当稳定，不过短期内仍会有一些明显的波动。随着屏幕越来越大，55 英寸和 65 英寸型号也很常见。

液晶显示技术仍然是电视机的主导技术，随着屏幕尺寸的增大和智能电视、4 K 和 8 K 等新技术的出现，电视机的销量将继续增长。

2. LCD 的发展趋势

TFTLCD 液晶屏凭借着其高可靠性能以及低成本，在智能终端中的应用越来越广泛，已成为众多智能终端的主流显示设备。人工智能突飞猛进的发展，使 TFTLCD 液晶屏技术也不断提升，高清晰度、高亮度、全视角、轻薄设计、低功耗等将成为 TFTLCD 液晶屏的发展趋势。

1）显示触摸一体化

随着人们使用习惯的改变，显示触摸一体化产品已经成为 21 世纪的主流，它是实现智能交互的重要媒介。未来只要一块显示触摸屏便可实现所有智能化的操作，解放人们的双手，给人们带来便捷的生活。目前很多白色家电、智能家居产品已经率先采用显示触摸一体化显示屏。

2）高清化

高清化将成为新媒体产品的标配。除了便捷之外，视觉和使用环境也是体验感受的重要组成部分。

3）大尺寸

大尺寸主要用于满足用户的体验感受。随着智能产品的更新换代，需要更多创新意识和硬件的提升。大尺寸是 LCD 的发展趋势，除此之外，可靠性方面也是很重要的突破口。

未来，显示触摸一体化、高清化、大尺寸都将成为众多智能终端产品的标配，改变人们的生活、工作，真正实现显示无处不在。

项目六

ADC 采集系统的设计与实现

项目描述

本项目主要介绍 STM32 的 ADC[①]、相关寄存器及库函数，光敏传感器等知识。通过本项目的学习，可以实现模拟电压的采集、光敏传感器光照信号的采集、ADC 模式转换及数据的显示等功能。

项目目标

- 培养规范意识和安全意识；
- 培养团队协作精神；
- 培养勇于担当、精益求精的工匠精神；
- 培养良好的职业素养；
- 了解 STM32 的 ADC 的主要特性和结构；
- 了解 STM32 的 ADC 编程相关寄存器；
- 掌握 STM32 的 ADC 编程相关库函数的使用方法；
- 掌握光敏传感器的使用方法；
- 会使用 STM32 的库函数实现 A/D 转换功能；
- 会使用 STM32 的 ADC 实现模拟电压的采集与显示功能；
- 会使用 STM32 的 ADC 实现光照采集与显示功能。

任务 1　电压采集系统的设计与实现

6.1.1　任务分析

1. 任务描述

利用 STM32 的 ADC1 通道 1，实现模拟电压数据的采集，并将当前电压值显示在

---

① ADC 即模拟数字转换器（Analog to Digital Converter）。

TFTLCD 液晶屏上，编写控制程序并进行系统调试。

2. 任务目标

（1）培养规范意识和安全意识；

（2）培养良好的职业素养；

（3）了解 STM32 的 ADC 的主要特性和结构；

（4）了解 STM32 的 ADC 编程相关寄存器；

（5）掌握 STM32 的 ADC 编程相关库函数的使用方法；

（6）会使用 STM32 的库函数实现 A/D 转换功能；

（7）会使用 STM32 的 ADC 实现模拟电压的采集与显示功能。

6.1.2 任务实施规划

电压采集系统的设计与实现如图 6.1 所示。

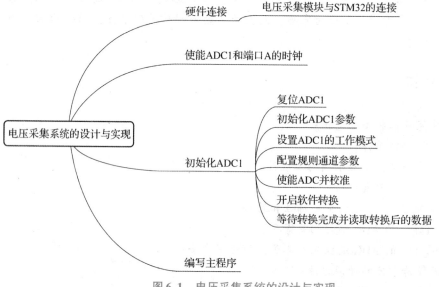

图 6.1 电压采集系统的设计与实现

6.1.3 知识链接

1. 认识 STM32 的 ADC

STM32 拥有 1～3 个 ADC（STM32F101/102 系列只有 1 个 ADC），这些 ADC 可以独立使用，也可以使用双重模式（提高采样率）。STM32 的 ADC 是 12 位逐次逼近型的模拟数字转换器。它有 18 个通道，可测量 16 个外部信号源和 2 个内部信号源。各通道的 A/D 转换可以单次、连续、扫描或间断模式执行。ADC 的结果以左对齐或右对齐方式存储在 16 位数据寄存器中。模拟看门狗特性允许应用程序检测输入电压是否超出用户定义的高/低阈值。

STM32F103 系列最少拥有 2 个 ADC，而 STM32F103ZET6 微控制器包含 3 个 ADC。STM32 的 ADC 的最大转换速率为 1 MHz，也就是转换时间为 1 μs（该转换速率在 ADCCLK ＝ 14 MHz，采样周期为 1.5 个 ADC 时钟下得到），需要注意，使用时一定不要让 ADC 的时钟频率超过 14 MHz，否则将导致结果准确度下降。

STM32 将 ADC 的转换分为 2 个通道组：规则通道组和注入通道组。规则通道相当于正常运行的程序，而注入通道相当于中断。注入通道的转换可以打断规则通道的转换，在注入通道被转换完成之后，规则通道才得以继续转换。

通过一个形象的例子可以说明规则通道组和注入通道组的区别：假如在家里的院子内放置 5 个温度探头，室内放置 3 个温度探头，需要时刻监视室外温度，但偶尔需要察看室内温度。可以使用规则通道组循环扫描室外的 5 个温度探头并显示 A/D 转换结果，当需要察看室内温度时，通过一个按钮启动注入通道组（3 个室内温度探头）并暂时显示室内温度，当放开这个按钮后，系统又回到规则通道组继续检测室外温度。从系统设计上，测量并显示室内温度的过程中断了测量并显示室外温度的过程，但在程序设计上可以在初始化阶段分别设置好不同的转换组，系统运行中不必再变更循环转换的配置，从而达到两个任务互不干扰和快速切换的目的。可以设想一下，如果没有规则通道组和注入通道组的划分，当按下按钮后，需要重新配置 A/D 循环扫描的通道，然后在释放按钮后再次配置 A/D 循环扫描的通道。

上面的例子因为速度较慢，不能完全体现这样区分（规则通道组和注入通道组）的好处，但在工业应用领域中有很多检测和监视探头需要较快地处理，这样对 A/D 转换的分组将简化事件处理的程序并提高事件处理的速度。

2. 规则通道的单次转换

STM32 中 ADC 的规则通道组最多包含 16 个转换，而注入通道组最多包含 4 个通道。STM32 的 ADC 可以进行很多种不同的转换，这里仅介绍如何使用规则通道的单次转换模式。

STM32 的 ADC 在单次转换模式下，只执行一次转换，该模式可以通过 ADC_CR2 寄存器的 ADON 位（只适用于规则通道）启动，也可以通过外部触发启动（适用于规则通道和注入通道），这时 CONT 位为 0。

以规则通道为例，一旦所选择的通道转换完成，转换结果将被存在 ADC_DR 寄存器中，EOC（转换结束）标志将被置位，如果设置了 EOCIE，则会产生中断，ADC 将停止，直到下次启动。

3. ADC 相关寄存器

1）ADC 控制寄存器（ADC_CR1 和 ADC_CR2）

ADC_CR1 控制寄存器用于设置扫描模式、中断允许（转换结束、注入转换结束、模拟看门狗）、双模式选择（一般选用独立模式）等，该寄存器各位描述如图 6.2 所示。

31	30	29	28	27	26	25	24	23	22	21	20	19	18	17	16
保留								AWDEN	AWD ENJ	保留		DUALMOD[3:0]			
								rw	rw			rw	rw	rw	rw

15	14	13	12	11	10	9	8	7	6	5	4	3	2	1	0
DISCNUM[2:0]			DISC ENJ	DISC EN	JAUTO	AWD SGL	SCAN	JEOC IE	AWDIE	EOCIE		AWDCH[4:0]			
rw	rw	rw	rw	rw	rw	rw	rw	rw	rw	rw		rw	rw	rw	rw

图 6.2　ADC_CR1 寄存器各位描述

ADC_CR1 的 SCAN 位用于设置扫描模式，由软件设置和清除，如果该位设置为 1，则使用扫描模式，如果设置为 0，则关闭扫描模式。在扫描模式下，由 ADC_SQRx 或 ADC_JSQRx 寄存器选中的通道被转换。如果设置了 EOCIE 或 JEOCIE，只在最后一个通道转换完毕后才会产生 EOC 或 JEOC 中断。

ADC_CR1[19:16] 用于设置 ADC 的操作模式，详细的对应关系见表 6.1。

表 6.1　ADC_CR1[19:16] 用于设置 ADC 的操作模式

位 19：16	DUALMOD [3:0]：双模式选择 软件使用这些位选择操作模式 0000：独立模式 0001：混合的同步规则 + 注入同步规则 0010：混合的同步规则 + 交替触发模式 0011：混合同步注入 + 快速交替模式 0100：混合同步注入 + 慢速交替模式 0101：注入同步模式 0110：规则同步模式 0111：快速交替模式 1000：慢速交替模式 1001：交替触发模式 注：在 ADC2 和 ADC3 中这些位为保留位 在双模式中，改变通道的配置会产生一个新开始的条件，这将导致同步丢失。建议在进行任何配置改变前关闭双模式

如果使用的是独立模式，则设置以下几位为 0 即可。

ADC_CR2 寄存器用于设置数据对齐方式、连续转换位、ADC 启动位、外部触发转换（一般选用软件转换 SWSTART、JSWSTART）。该寄存器各位描述如图 6.3 所示。

图 6.3　ADC_CR2 寄存器各位描述

ADON 位用于开关 ADC。CONT 位用于设置是否进行连续转换，如果使用的是单次转换，则 CONT 位必须为 0。CAL 和 RSTCAL 用 AD 校准。ALIGN 用于设置数据对齐，例如使用右对齐，该位设置为 0。

EXTSEL[2:0] 用于选择启动规则通道组转换的外部事件，详细的设置关系见表 6.2。

表 6.2　ADC 选择启动规则转换事件设置

位 19：17	EXTSEL [2:0]：选择启动规则通道组转换的外部事件
	这些位用于选择启动规则通道组转换的外部事件
	ADC1 和 ADC2 的触发配置如下：
	000：定时器 1 的 CC1 事件　　100：定时器 3 的 TRGO 事件
	001：定时器 1 的 CC2 事件　　101：定时器 4 的 CC4 事件
	010：定时器 1 的 CC3 事件　　110：EXT1 线 11/TIM8_TRG0，仅大容量产品具有 TIM8_TRG0 功能
	011：定时器 2 的 CC2 事件　　111：SWSTART
	ADC3 的触发配置如下：
	000：定时器 3 的 CC1 事件　　100：定时器 8 的 TRGO 事件
	001：定时器 2 的 CC2 事件　　101：定时器 5 的 CC4 事件
	010：定时器 1 的 CC3 事件　　110：定时器 5 的 CC3 事件
	011：定时器 8 的 CC2 事件　　111：SWSTART

例如，使用软件触发（SWSTART），则设置这 3 个位为 111。ADC_CR2 的 SWSTART 位用于开始规则通道组的转换，每次转换（单次转换模式下）都需要向该位写 1。

2）ADC 采样事件寄存器（ADC_SMPR1 和 ADC_SMPR2）

这两个寄存器用于设置通道 0～17 的采样时间，每个通道占用 3 个位。ADC_SMPR1 寄存器各位描述见图 6.4 表 6.3。

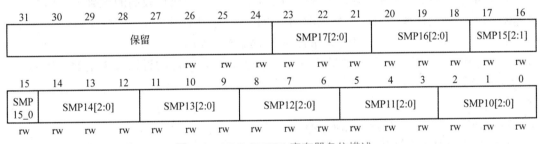

图 6.4　ADC_SMPR1 寄存器各位描述

表 6.3　ADC_SMPR1 寄存器各位描述

位 31：24	保留，必须保持为 0
位 23：0	SMPx [2:0]：选择通道 x 的采样时间
	这些位用于独立地选择每个通道的采样时间。在采样周期中通道选择位必须保持不变。
	000：1.5 周期　　　100：41.5 周期
	001：7.5 周期　　　101：55.5 周期
	010：13.5 周期　　　110：71.5 周期
	011：28.5 周期　　　111：239.5 周期
	注：
	（1）ADC1 的模拟输入通道 16 和通道 17 在芯片内部分别连到温度传感器和 VREFINT。
	（2）ADC2 的模拟输入通道 16 和通道 17 在芯片内部连到 VSS。
	（3）ADC3 模拟输入通道 14～17 与 VSS 相连

ADC_SMPR2 寄存器各位描述见图 6.5 和表 6.4。

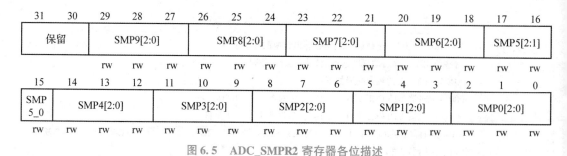

图 6.5　ADC_SMPR2 寄存器各位描述

表 6.4　ADC_SMPR2 寄存器各位描述

位 31：30	保留，必须保持为 0
位 29：0	SMPx［2:0］：选择通道 x 的采样时间 这些位用于独立地选择每个通道的采样时间。在采样周期中通道选择位必须保持不变。 000：1.5 周期　　100：41.5 周期 001：7.5 周期　　101：55.5 周期 010：13.5 周期　　110：71.5 周期 011：28.5 周期　　111：239.5 周期 注：ADC3 模拟输入通道 9 与 VSS 相连

　　对于每个要转换的通道，建议采样时间尽量长一点，以获得较高的准确度，但是这样会降低 ADC 的转换速率。ADC 的转换时间可以由以下公式计算：

$$T_{\text{covn}} = 采样时间 + 12.5 \text{ 个周期}$$

其中，T_{covn} 为总转换时间，采样时间是根据每个通道的 SMP 位的设置来决定的。例如，当 ADCCLK = 14 MHz，并设置 1.5 个周期的采样时间时，则得到 T_{covn} = 1.5 + 12.5 = 14（周期）= 1 μs。

　　3）ADC 规则序列寄存器（ADC_SQR1 ~ 3）

　　ADC 规则序列寄存器用于设置规则通道序列长度、对应序列中各个转换的通道编号。该寄存器总共有 3 个，这 3 个寄存器的功能差不多，这里仅介绍 ADC_SQR1，该寄存器各位描述见图 6.6 和表 6.5。

图 6.6　ADC_SQR1 寄存器各位描述

表 6.5　ADC_SQR1 寄存器各位描述

位 31：24	保留，必须保持位 0
位 23：20	L［3:0］：规则通道序列长度 这些位定义了在规则通道序列中的转换总数。

位 23：20	0000：1 个转换 0001：2 个转换 …… 1111：16 个转换
位 19：15	SQ16 [4:0]：规则通道序列中的第 16 个转换 这些位定义了转换序列中的第 16 个转换通道的编号（0~17）
位 14：10	SQ15 [4:0]：规则通道序列中的第 15 个转换
位 9：5	SQ14 [4:0]：规则通道序列中的第 14 个转换
位 4：0	SQ13 [4:0]：规则通道序列中的第 13 个转换

L[3:0] 用于存储规则通道序列的长度，如果只用 1 个，则设置这几个位的值为 0。SQ13~16 存储了规则通道序列中第 13~16 个通道的编号（0~17）。如果选择的是单次转换，则只有一个通道在规则通道序列中，这个序列就是 SQ1，它通过 ADC_SQR3 的最低 5 位（也就是 SQ1）设置。

4）ADC 规则数据寄存器（ADC_DR）

该寄存器用于存放 ADC 注入通道转换的数据。规则通道序列中的 A/D 转换结果都将被存在这个寄存器中，而注入通道的转换结果被保存在 ADC_JDRx 中。ADC_DR 寄存器各位描述见图 6.7 和表 6.6。

31	30	29	28	27	26	25	24	23	22	21	20	19	18	17	16
ADC2DATA[15:0]															
r	r	r	r	r	r	r	r	r	r	r	r	r	r	r	r
15	14	13	12	11	10	9	8	7	6	5	4	3	2	1	0
DATA[15:0]															
r	r	r	r	r	r	r	r	r	r	r	r	r	r	r	r

图 6.7　ADC_DR 寄存器各位描述

表 6.6　ADC_DR 寄存器各位描述

位 31：16	ADC2DATA [15:0]：ADC2 转换的数据 (1) 在 ADC1 中：双模式下，这些位包含了 ADC2 转换的规则通道数据。 (2) 在 ADC2 中：不用这些位
位 15：0	DATA[15:0]：规则转换的数据 这些位为只读，包含了规则通道的转换结果。数据是左或右对齐

在读取数据的时候要注意，该寄存器的数据可以通过 ADC_CR2 的 ALIGN 位设置左对齐还是右对齐。

5）ADC 状态寄存器（ADC_SR）

该寄存器保存了 A/D 转换时的各种状态。该寄存器各位描述见图 6.8 和表 6.7。

31	30	29	28	27	26	25	24	23	22	21	20	19	18	17	16
保留															

15	14	13	12	11	10	9	8	7	6	5	4	3	2	1	0
保留											STRT	JSTRT	JEOC	EOC	AWD
											rw	rw	rw	rw	rw

图 6.8　ADC_SR 寄存器各位描述

表 6.7　ADC_SR 寄存器各位描述

位 31：15	保留，必须保持为 0
位 4	STRT：规则通道开始位 该位由硬件在规则通道转换开始时设置，由软件清除。 0：规则通道转换未开始 1：规则通道转换已开始
位 3	JSTRT：注入通道开始位 该位由硬件在注入通道转换开始时设置，由软件清除。 0：注入通道转换未开始 1：注入通道转换已开始
位 2	JEOC：注入通道结束位 该位由硬件在注入通道转换结束时设置，由软件清除。 0：转换未完成 1：转换已完成
位 1	EOC：规则通道结束位 该位由硬件在规则通道转换结束时设置，由软件清除。 0：转换未完成 1：转换已完成
位 0	AWD：模拟看门狗标志位 该位由硬件在转换的电压值超出 ADC_LTR 和 ADC_HTR 寄存器定义的范围时设置，由软件清除。 0：没有发生模拟看门狗事件 1：发生了模拟看门狗事件

4. ADC 相关库函数

ADC 相关库函数分布在 "stm32f10x_adc. c" 文件和 "stm32f10x_adc. h" 文件中。下面介绍使用库函数实现 ADC1 的通道 1 进行 A/D 转换的方法。

（1）开启 PA 端口时钟和 ADC1 时钟，设置 PA1 为模拟输入。

STM32F103ZET6 的 ADC 通道 1 在 PA1 上，所以首先使能端口 A 的时钟和 ADC1 的时钟，然后设置 PA1 为模拟输入模式。使能 GPIOA 和 ADC 时钟通过调用 RCC_APB2PeriphClockCmd( ) 函数实现。设置 PA1 的输入方式，使用 GPIO_Init( ) 函数即可。STM32 的 ADC 通道与 GPIO 的对应见表 6.8。

表 6.8　STM32 的 ADC 通道与 GPIO 的对应

通道	ADC1	ADC2	ADC3
通道 0	PA0	PA0	PA0
通道 1	PA1	PA1	PA1
通道 2	PA2	PA2	PA2
通道 3	PA3	PA3	PA3
通道 4	PA4	PA4	PF6
通道 5	PA5	PA5	PF7
通道 6	PA6	PA6	PF8
通道 7	PA7	PA7	PF9
通道 8	PB0	PB0	PF10
通道 9	PB1	PB1	
通道 10	PC0	PC0	PC0
通道 11	PC1	PC1	PC1
通道 12	PC2	PC2	PC2
通道 13	PC3	PC3	PC3
通道 14	PC4	PC4	—
通道 15	PC5	PC5	—
通道 16	温度传感器	—	—
通道 17	内部参考电压	—	—

（2）复位 ADC1，同时设置 ADC1 分频因子。

开启 ADC1 时钟之后，需要复位 ADC1，将 ADC1 的全部寄存器重设为缺省值之后，通过 RCC_CFGR 设置 ADC1 的分频因子。分频因子要确保 ADC1 的时钟（ADCCLK）频率不要超过 14 MHz。设置分频因子为 6，时钟频率为 72/6 = 12（MHz），用函数 RCC_ADCCLKConfig( ) 实现。

该函数原型为 void RCC_ADCCLKConfig(uint32_t RCC_PCLK2)；其参数可选择的值见表 6.9。

表 6.9　RCC_PCLK2 的值

RCC_PCLK2 值	描述
RCC_PCLK2_Div2	ADC 时钟 = PCLK/2
RCC_PCLK2_Div4	ADC 时钟 = PCLK/4
RCC_PCLK2_Div6	ADC 时钟 = PCLK/6
RCC_PCLK2_Div8	ADC 时钟 = PCLK/8

ADC 时钟复位所用库函数是 ADC_DeInit(ADC1)。其功能是将 ADCx 寄存器设为复位启动时的默认值。参数 ADCx 为指定操作的 ADC，x 的取值范围为 1 ~ 3，分别用于选择 ADC1、ADC2、ADC3，该函数无输出参数，无返回值。

（3）初始化 ADC1 参数，设置 ADC1 的工作模式以及规则通道序列的相关信息。

设置完分频因子之后，即可以开始 ADC1 的模式配置，包括设置单次转换模式，选择触发方式、数据对齐方式等。同时，还要设置 ADC1 规则通道序列的相关信息，例如只有一个通道，并且是单次转换的，则设置规则通道序列中通道数为 1。这些是通过函数 ADC_Init()实现的，其定义如下：

```
void ADC_Init(ADC_TypeDef * ADCx,ADC_InitTypeDef * ADC_InitStruct);
```

功能：根据 ADC_InitStruct()中指定的参数初始化 ADCx 寄存器。

参数 1：ADCx 为指定操作的 ADC，x 的取值范围为 1 ~ 3。

参数 2：跟其他外设的初始化一样，通过设置结构体成员变量的值来设定参数。结构体定义如下：

```
typedef struct
{
    uint32_t ADC_Mode;
    FunctionalState ADC_ScanConvMode;
    FunctionalState ADC_ContinuousConvMode;
    uint32_t ADC_ExternalTrigConv;
    uint32_t ADC_DataAlign;
    uint8_t ADC_NbrOfChannel;
}ADC_InitTypeDef;
```

参数 ADC_Mode：设置 ADC 的模式。ADC 的模式包括独立模式、注入同步模式等，如果选择独立模式，参数值为 ADC_Mode_Independent。

参数 ADC_ScanConvMode：设置是否开启扫描模式，如果选择单次转换，则该参数为不开启扫描模式，参数值为 DISABLE。

参数 ADC_ContinuousConvMode：设置是否开启连续转换模式，如果选择单次转换模式，则选择不开启连续转换模式，参数值为 DISABLE。

参数 ADC_ExternalTrigConv：设置启动规则通道转换的外部事件，如果选择软件触发，则该参数值为 ADC_ExternalTrigConv_None。

参数 DataAlign：设置 ADC 数据对齐方式，其值有左对齐、右对齐。例如选择右对齐方式时参数值为 ADC_DataAlign_Right。

参数 ADC_NbrOfChannel：设置规则通道序列的长度，如果选择单次转换，则参数值为 1。

例如：

```
ADC_InitTypeDef ADC_InitStructure;
//AD 工作模式:独立模式
ADC_InitStructure.ADC_Mode = ADC_Mode_Independent;
ADC_InitStructure.ADC_ScanConvMode = DISABLE;//AD 单通道模式
//AD 单次转换模式
ADC_InitStructure.ADC_ContinuousConvMode = DISABLE;
//转换由软件启动而不是由外部触发启动
ADC_InitStructure.ADC_ExternalTrigConv = ADC_ExternalTrigConv_
None;
//ADC 数据右对齐
ADC_InitStructure.ADC_DataAlign = ADC_DataAlign_Right;
//顺序进行规则转换的 ADC 通道的数目1
ADC_InitStructure.ADC_NbrOfChannel = 1;
ADC_Init(ADC1,&ADC_InitStructure);//根据指定的参数初始化外设 ADCx
```

（4）配置规则通道参数。

设置规则通道序列以及采样周期的函数是：

```
void ADC_RegularChannelConfig(ADC_TypeDef * ADCx,
        uint8_t ADC_Channel,uint8_t Rank,uint8_t ADC_SampleTime);
```

功能：配置某个 ADC 的某个通道以某种采样率置于规则通道组的某一位；

参数1：指定的 ADC（ADC1、ADC2 或 ADC3）；

参数2：指定 ADC 的通道，即 ADC_Channel_x（x 为 0 ~ 17）；

参数3：设置 ADC 转换顺序；

参数4：设置采样时间。

采样时间可选择的值见表 6.10。

表 6.10　采样时间可选择的值

ADC_SampleTime 值	描述
ADC_SampleTime_1Cycles5	采样时间为 1.5 周期
ADC_SampleTime_7Cycles5	采样时间为 7.5 周期
ADC_SampleTime_13Cycles5	采样时间为 13.5 周期
ADC_SampleTime_28Cycles5	采样时间为 28.5 周期
ADC_SampleTime_41Cycles5	采样时间为 41.5 周期
ADC_SampleTime_55Cycles5	采样时间为 55.5 周期
ADC_SampleTime_71Cycles5	采样时间为 71.5 周期
ADC_SampleTime_239Cycles5	采样时间为 239.5 周期

例如，规则通道序列中的第 1 个转换，采样时间为 239.5 周期，实现方法为：

```
ADC_RegularChannelConfig(ADC1,ch,1,ADC_SampleTime_239Cycles5);
```

（5）使能 ADC 并校准。

完成 ADC 的基本设置后，就可以使能 ADC，执行复位校准和 AD 校准，注意这两步是必须的，不校准将导致结果很不准确。

使能指定的 ADC 使用库函数 ADC_Cmd()实现，其函数原型为：

```
void ADC_Cmd(ADC_TypeDef * ADCx,FunctionalState NewState);
```

功能：使能或者禁止指定的 ADC；

参数 1：ADCx（ADC1、ADC2 或者 ADC3）；

参数 2：ENABLE，使能指定的 ADC；DISABLE，禁止指定的 ADC；

例如，使能 ADC1，实现方法是 ADC_Cmd(ADC1，ENABLE)。

执行复位校准使用函数 ADC_ResetCalibration()实现，其函数原型为：

```
void ADC_ResetCalibration(ADC_TypeDef * ADCx);
```

功能：复位选中的 ADC 校准寄存器；

参数：ADCx（ADC1、ADC2 或者 ADC3）；

例如：复位 ADC1 的校准寄存器，实现方法是 ADC_ResetCalibration(ADC1)。

指定 ADC 校准状态使用函数 ADC_StartCalibration()实现，其函数原型为：

```
void ADC_StartCalibration(ADC_TypeDef * ADCx);
```

功能：开始指定 ADC 的校准状态；

参数：ADCx（ADC1、ADC2 或者 ADC3）。

例如，开始指定 ADC1 的校准状态的方法是 ADC_StartCalibration(ADC1)。

每次进行校准之后要等待校准结束。通常通过获取校准状态来判断校准是否结束，方法如下：

```
while(ADC_GetResetCalibrationStatus(ADC1));  //等待复位校准结束
while(ADC_GetCalibrationStatus(ADC1));  //等待校准结束
```

因此，对 ADC1 进行校准即可采用如下方法实现：

```
ADC_ResetCalibration(ADC1);  //使能复位校准
while(ADC_GetResetCalibrationStatus(ADC1));  //等待复位校准结束
ADC_StartCalibration(ADC1);  //开启 AD 校准
while(ADC_GetCalibrationStatus(ADC1));//等待 AD 校准结束
```

（6）开启软件转换。

软件开启 A/D 转换使用函数 ADC_SoftwareStartConvCmd()实现，其函数原型是：

```
void ADC_SoftwareStartConvCmd(ADC_TypeDef * ADCx,FunctionalState
NewState);
```

功能：使能 ADC 的软件转换启动功能；

参数 1：指定的 ADCx（ADC1、ADC2 或 ADC3）；

参数 2：ENABLE 或 DISABLE。

实例：

```
ADC_SoftwareStartConvCmd(ADC1,ENABLE); //使能指定的 ADC1 的软件转换
启动功能
```

（7）等待 ADC 转换结束。

开启 A/D 转换之后，需要一直等到 ADC 转换结束，判断 ADC 转换是否结束有两种方法：查询和中断。本任务以查询方式实现，需用的函数为 ADC_GetFlagStatus( )，其函数原型为：

```
FlagStatus ADC_GetFlagStatus(ADC_TypeDef * ADCx,uint8_t ADC_FLAG);
```

功能：检查 ADC 对应的标志位是否置位；

参数 1：待检测的 ADCx（ADC1、ADC2 或 ADC3）；

参数 2：待检查的标志位，要判断 ADC 转换是否完成，即 ADC 转换结束标志位是否为 1，所以选择 ADC_FLAG_EOC；

返回值：SET（转换结束）或 RESET（转换进行中）。

判断 ADC1 的转换是否结束，具体方法如下：

```
while (!ADC_GetFlagStatus(ADC1,ADC_FLAG_EOC));//等待 ADC 转换结束
```

（8）读取 ADC 值。

ADC 转换结束后，即可获取转换 ADC 结果数据，可使用函数 ADC_GetConversionValue( ) 实现，其函数原型为：

```
uint16_t ADC_GetConversionValue(ADC_TypeDef * ADCx);
```

功能：获取 ADC 转换的结果。

参数：ADCx（ADC1、ADC2 或 ADC3）。

实例：

```
a = ADC_GetConversionValue(ADC1); //获取 ADC1 转换结果
```

6.1.4　任务实施

1. 硬件连接

ADC 属于 STM32 内部资源，使用时只需要进行软件设置就可以正常工作，硬件上只需要用 1 根杜邦线在外部连接其端口到被测电压上面。一头插在多功能端口 P14 的 ADC 插针上（与 PA1 连接），另外一头连接要测试的电压点（确保该电压不大于 3.3V 即可）。在完成本任务时，使用 ADC1 的通道 1（PA1）读取外部电压值，战舰 V3 开发板没有设计参考电压源，但是板上有几个可以提供测试的地方：①3.3 V 电源；②GND；③后备电池。注意：不能接到板上 5 V 电源上测试，这可能烧坏 ADC。

总结在硬件上电压采集模块与战舰 V3 开发板的 I/O 端口对应关系。

2　实现 ADC 电压采集功能

（1）开启 PA 端口时钟和 ADC1 时钟，设置 PA1 为模拟输入，调用函数 GPIO_Init（）、APB2PerihClockCmd（）。

（2）复位 ADC1 同时设置 ADC1 分频因子。调用函数 ADC_DeInit（）、RCC_ADCCLKConfig（）。提示：分频因子确保 ADC1 时钟（ADC_CLK）频率不超过 14 MHz。设置分频因子为 6，则时钟频率为 72 MHz/6 = 12 MHz。

（3）初始化 ADC1 参数，设置 ADC1 的工作模式及规则通道序列相关信息。
提示：只有一个通道且是单次转换，所以设置规则通道组中通道数为 1。

（4）配置规则通道参数，使能 ADC 并校准。

（5）开启指定的软件转换，等待 ADC 转换结束，并读取转换后的数据。

提示：将这部分功能写到自定义的一个函数中，以方便调用。

3　实现主函数 main( )

（1）完成硬件初始化：延时函数、LCD、ADC。

（2）设置液晶屏字体颜色及显示的字符。

（3）在 while（1）循环中调用 ADC 功能实现电压采集，并将其转换为模拟电压值显示在液晶屏上，同时 LED 灯闪烁。

在读取 ADC 值的时候，要多次获取 ADC 值，取平均值，以提高准确度。多次获得的 ADC 值求平均值实现方法为：

```
u16 Get_Adc_Average(u8 ch,u8 times)
{




}
```

提示：ADC 采样得到的数字值怎么转化为电压值呢？由于 STM32 的 ADC 是 12 位逐次逼近型的模拟数字转换器，即 ADC 模块读到的数据是 12 位的数据，因此 STM32 读到的 ADC 值是从 0 到 4 095（111111111111）。当把 ADC 引脚接到 GND，读到的就是 0；当把 ADC 引脚接到 VDD，读到的就是 4 095。ADC 值与电压的关系如图 6.9 所示。

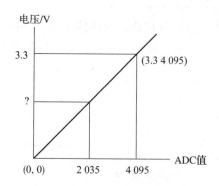

图 6.9　ADC 值与电压的关系

电压可由下式计算：

$$temp = (float)adcx \times (3.3/4\ 096)$$

其中，temp 是电压，adcx 是 ADC 值。

4　运行调试

编译程序，如有错误可根据报错信息进行调试，直至没有错误提示为止，然后将程序下载到开发板中运行，观察 TFTLCD 屏上显示的信息，若不能显示当前电压值或显示的电压值不合理，则重新调试程序，最终控制采集模块实现电压采集功能。

任务评分表

任务 1 的任务评分表见表 6.11。

表 6.11　任务 1 的任务评分表

班级		姓名		学号		小组	
学习任务名称							
自我评价	1	遵循 6S 管理				□符合　□不符合	
	2	不迟到、不早退				□符合　□不符合	
	3	能独立完成工作页的填写				□符合　□不符合	
	4	具有独立信息检索能力				□符合　□不符合	
	5	小组成员分工合理				□符合　□不符合	
	6	能制定合理的任务实施计划				□符合　□不符合	
	7	能正确使用工具及设备				□符合　□不符合	
	8	自觉遵守安全用电规划				□符合　□不符合	
	学习效果自我评价等级： 评价人签名：					□优秀　　□良好 □合格　　□不合格	

班级		姓名		学号		小组	
学习任务名称							
小组评价	1	具有安全意识和环保意识				☐能	☐不能
	2	遵守课堂纪律，不做与课程无关的事情				☐能	☐不能
	3	清晰表达自己的观点，且正确合理				☐能	☐不能
	4	积极完成所承担的工作任务				☐是	☐否
	5	任务是否按时完成				☐是	☐否
	6	自觉维护教学仪器设备的完好性				☐是	☐否
	学习效果小组评价等级： 小组评价人签名：					☐优秀　☐良好 ☐合格　☐不合格	
教师评价	1	能进行学习准备				☐能	☐不能
	2	课堂表现				☐优秀　☐良好 ☐合格　☐不合格	
	3	任务实施计划合理				☐是	☐否
	4	硬件连接				☐是	☐否
	5	ADC 电压采集				☐优秀　☐良好 ☐合格　☐不合格	
	6	主函数实现				☐优秀　☐良好 ☐合格　☐不合格	
	7	编译下载				☐优秀　☐良好 ☐合格　☐不合格	
	8	展示汇报				☐优秀　☐良好 ☐合格　☐不合格	
	9	6S 管理				☐符合	☐不符合
	教师评价等级： 评语： 　　　　　　　　　指导教师：					☐优秀　☐良好 ☐合格　☐不合格	
学生综合成绩评定：						☐优秀　☐良好 ☐合格　☐不合格	

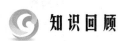 **知识回顾**

1. STM32 将 ADC 的转换分为 2 个通道组：_____和_____。

2. STM32 的 ADC 在单次转换模式下，执行_____转换，该模式可以通过 ADC_CR2 寄存器的 ADON 位（只适用于_____）启动，也可以通过外部触发启动（适用于_____和_____），这时 CONT 位为 0。

3. ADC 的转换时间的计算方法是_____。

4. 开启 ADC1 时钟之后，要复位 ADC1，将 ADC1 的全部寄存器重设为缺省值之后，需要设置 ADC1 的分频因子，请问设置分频因子需要的库函数是什么？

5. 开启转换之后，获取 ADC 转换结果数据的库函数实现方法是什么？

6. 简述初始化 ADC 的流程。

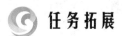 **任务拓展**

STM32 内部温度传感器

STM32 有一个内部温度传感器，可以用来测量 CPU 及其周围的温度。该温度传感器在内部和 ADCx_IN16 输入通道连接，此通道把温度传感器输出的电压转换成数字值。请编写程序在液晶屏上显示当前 CPU 温度。

提示：

STM32 内部温度传感器与 ADC1 的连接如图 6.10 所示。

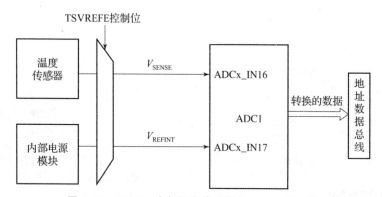

图 6.10　STM32 内部温度传感器与 ADC1 的连接

内部温度传感器的特点如下：

（1）内部温度传感器模拟输入推荐采样时间是 17.1 μs。

（2）内部温度传感器支持的温度范围为：-40~125 ℃。

（3）内部温度传感器精度比较差，为 ±1.5 ℃左右。

内部温度传感器的使用很简单，只要设置内部 ADC，并激活其内部通道就可以采集温度数据。内部温度传感器的使用注意以下两点：

（1）必须先激活 ADC 的内部通道。

通过 ADC_CR2 的 AWDEN 位（bit23）设置。设置该位为 1 则启用内部温度传感器。

函数：ADC_TempSensorVrefintCmd()；

函数原型：void ADC_TempSensorVrefintCmd(FunctionalState NewState)；

功能：启动或禁止内部温度传感器；

参数：ENABLE 或 DISABLE。

实例：

```
ADC_TempSensorVrefintCmd(ENABLE);
```

（2）将电压值转换为对应的温度值。

在设置好 ADC 之后只要读取通道 16 的值，即可读取内部温度传感器返回的电压值。根据这个值，就可以计算出当前温度。计数公式为：

$$T(℃) = [(V_{25} - V_{sense})/Avg\_Slope] + 25$$

其中，$V_{25} = V_{sense}$ 在 25 度时的数值（典型值为 1.43）。Avg_Slope = 温度与 Vsense 曲线的平均斜率（单位为 mV/℃ 或 μV/℃，典型值为 4.3 mV/℃）。

温度采集数据步骤如下：

（1）开启 ADC1 时钟，使用函数 APB2PeriphClockCmd()。

（2）复位 ADC1，同时设置 ADC1 分频因子。

（3）初始化 ADC1 参数，设置 ADC1 的工作模式以及规则通道序列的相关信息。

（4）配置规则通道参数，使用函数 ADC_RegularChannelConfig()。

（5）开启内部温度传感器，使用函数 ADC_TempSensorVrefintCmd(ENABLE)。

（6）使能 ADC 并校准，使用函数 ADC_Cmd(ADC1,ENABLE)。

（7）开启软件转换，使用函数 ADC_SoftwareStartConvCmd(ADC1)。

（8）等待转换完成。

（9）读取 ADC 值，使用函数 ADC_GetConversionValue(ADC1)。

实现主函数的过程为：

（1）设置颜色（POINT_COLOR = RED）。

（2）设置要显示的字符（LCD_ShowString();）。

（3）获得 ADC 转换后的数据（adcx = Get_Adc();）。

（4）将数字值转换为对应的模拟电压值：

```
temp = (float)adcx * (3.3/4095);
temp = (1.43 - temp)/0.0043 + 25;
result = temp * 100;
```

（5）将温度值显示在液晶屏上（分别显示整数部分和小数部分）：

```
LCD_ShowxNum();
```

任务 2　光照采集系统的设计与实现

6.2.1　任务分析

1. 任务描述

利用 STM32 开发板上的光敏传感器，获取室内环境下光照的变化情况，并显示在液晶屏上，编写控制程序并进行系统调试。

2. 任务目标

（1）培养团队协作精神；

（2）培养分析问题、解决问题的能力；

（3）培养劳动精神和精益求精的工匠精神；

（4）会正确使用 ADC 相关库函数；

（5）会编程实现室内环境下光照情况的采集及显示。

6.2.2　任务实施规划

光照采集系统的设计与实现如图 6.11 所示。

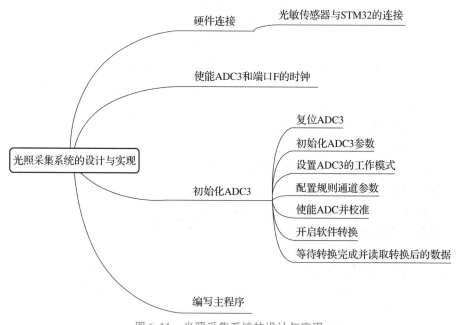

图 6.11　光照采集系统的设计与实现

6.2.3　知识链接

光敏传感器是最常见的传感器之一，它的种类繁多，主要有光电管、光电倍增管、光敏电阻、光敏二极管、光敏三极管、太阳能电池、红外线传感器、紫外线传感器、光纤式光电传感器、色彩传感器、CCD 和 CMOS 图像传感器等。光敏传感器在自动控制和非电量测量领域占有非常重要的地位。

光敏传感器是利用光敏元件将光信号转换为电信号的传感器，它的敏感波长在可见光波长附近，包括红外线波长和紫外线波长。光敏传感器不只局限于对光的探测，还可以作为探测元件组成其他传感器，对许多非电量进行检测，只要将这些非电量转换为光信号的变化即可。

战舰 V3 开发板上配备了一个光敏二极管，它对光的变化非常敏感。光敏二极管与半导体二极管在结构上是类似的，其管芯是一个具有光敏特征的 PN 结，具有单向导电性，因此工作时需加上反向电压。

无光照时，有很小的饱和反向漏电流，即暗电流，此时光敏二极管截止。当受到光照时，饱和反向漏电流大大增加，形成光电流，它随入射光强度的变化而变化。当光线照射 PN 结时，可以使 PN 结中产生电子－空穴对，使少数载流子的密度增加。这些载流子在反向电压下漂移，使反向电流增加。因此，可以利用光照强弱改变电路中的电流。利用这个电流变化，串接一个电阻，就可以转换成电压的变化，从而通过 ADC 读取电压值，判断外部光线的强弱。

本任务利用 ADC3 的通道 6（PF8）读取光敏二极管电压的变化，从而得到室内环境下光照的变化，并将得到的光线强度显示在 TFTLCD 液晶屏上。

6.2.4　任务实施

1. 硬件连接

光敏传感器与 STM32 的硬件连接如图 6.12 所示。

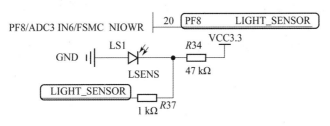

图 6.12　光敏传感器与 STM32 的硬件连接

LS1 是光敏二极管，R34 为其提供反向电压，当环境光线变化时，LS1 两端的电压也会随之改变，从而通过 ADC3_IN6 通道，读取 LIGHT_SENSOR(PF8)上面的电压，即可得到室内环境下光照的强弱。光线越强，电压越低；光线越暗，电压越高。

总结在硬件上光敏传感器与战舰 V3 开发板的 I/O 端口的对应关系。

2. 编程实现光照数据采集

（1）开启 PF 口和 ADC3 时钟，设置 PF8 为模拟输入。

（2）复位 ADC3，同时设置 ADC1 分频因子。

（3）初始化 ADC3 参数，并设置其工作模式及规则通道序列的相关信息。

3. 实现主函数 main( )

（1）完成硬件初始化：延时函数、LCD、ADC。

（2）设置液晶屏字体颜色及显示的字符。

（3）在 while（1）循环中调用 ADC 功能获取光照强度，并将其转换为 0～100 的值（0 表示最暗，100 表示最亮）显示在液晶屏上。提示：自行规定"if（temp ＞ 4 000）temp ＝ 4 000"。

4. 运行调试

编译程序，如有错误可根据报错信息进行调试，直至没有错误提示为止，然后将程序

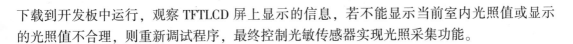

下载到开发板中运行，观察 TFTLCD 屏上显示的信息，若不能显示当前室内光照值或显示的光照值不合理，则重新调试程序，最终控制光敏传感器实现光照采集功能。

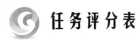

任务评分表

任务 2 的任务评分表见表 6.12。

表 6.12 任务 2 的任务评分表

班级		姓名		学号		小组	
学习任务名称							
自我评价	1	遵循 6S 管理				□符合	□不符合
	2	不迟到、不早退				□符合	□不符合
	3	能独立完成工作页的填写				□符合	□不符合
	4	具有独立信息检索能力				□符合	□不符合
	5	小组成员分工合理				□符合	□不符合
	6	能制定合理的任务实施计划				□符合	□不符合
	7	能正确使用工具及设备				□符合	□不符合
	8	自觉遵守安全用电规划				□符合	□不符合
	学习效果自我评价等级： 评价人签名：					□优秀 □良好 □合格 □不合格	
小组评价	1	具有安全意识和环保意识				□能	□不能
	2	遵守课堂纪律，不做与课程无关的事情				□能	□不能
	3	清晰表达自己的观点，且正确合理				□能	□不能
	4	积极完成所承担的工作任务				□是	□否
	5	任务是否按时完成				□是	□否
	6	自觉维护教学仪器设备的完好性				□是	□否
	学习效果小组评价等级： 小组评价人签名：					□优秀 □良好 □合格 □不合格	
教师评价	1	能进行学习准备				□能	□不能
	2	课堂表现				□优秀 □良好 □合格 □不合格	
	3	任务实施计划合理				□是	□否
	4	硬件连接				□是	□否

续表

班级		姓名		学号		小组	

学习任务名称							

教师评价	5	光照数据采集	☐优秀　☐良好 ☐合格　☐不合格
	6	主函数实现	☐优秀　☐良好 ☐合格　☐不合格
	7	编译下载	☐优秀　☐良好 ☐合格　☐不合格
	8	展示汇报	☐优秀　☐良好 ☐合格　☐不合格
	9	6S 管理	☐符合　☐不符合
教师评价等级： 评语： 　　　　　　　　　　指导教师：			☐优秀　☐良好 ☐合格　☐不合格
学生综合成绩评定：			☐优秀　☐良好 ☐合格　☐不合格

🌀 知识回顾

1. 光敏传感器是最常见的传感器之一，它的种类繁多，主要有_____、_____、_____、_____、_____。

2. 光敏传感器是利用光敏元件将_____转换为电信号的传感器。

3. 对于光敏传感器，光线越强，电压越_____；光线越暗，电压越_____。

🌀 任务拓展

光电传感器

1. 光电传感器概述

光电传感器是将光信号转换为电信号的一种器件。其工作原理基于光电效应。光电效应是指光照射在某些物质上时，物质的电子吸收光子的能量而发生了相应的电效应。根据光电效应现象的不同将光电效应分为 3 类：外光电效应、内光电效应及光生伏特效应。光电器件有光电管、光电倍增管、光敏电阻、光敏二极管、光敏三极管、光电池等。

光电传感器一般由处理通路和处理元件两部分组成。其基本原理是以光电效应为基础，把被测量的变化转换成光信号的变化，然后借助光电元件进一步将非电信号转换成电信号。在光电效应下，用光照射某一物体，可以看作一连串带有一定能量的光子轰击在这个物体上，此时光子能量就传递给电子，并且是一个光子的全部能量一次性地被一个电子所吸收，电子得到光子传递的能量后其状态就会发生变化，从而使受光照射的物体产生相应的电效应。通常把光电效应分为 3 类：

（1）在光线作用下能使电子溢出物体表面的现象称为外光电效应，基于此效应的器件如光电管、光电倍增管等；

（2）在光线作用下能使物体的电阻率改变的现象称为内光电效应，基于此效应的器件如光敏电阻、光敏晶体管等；

（3）在光线作用下，物体产生一定方向电动势的现象称为光生伏特效应，基于此效应的器件如光电池等。

光电检测方法具有精度高、反应快、非接触等优点，而且可测参数多，传感器的结构简单，形式灵活多样，因此，光电传感器在检测和控制领域的应用非常广泛。

2. 光电传感器的应用

用光电元件作敏感元件的光电传感器，其种类繁多，用途广泛。光电传感器按其输出量的性质可分为两类。

（1）把被测量转换成连续变化的光电流而制成的光电测量仪器，可用来测量光的强度以及物体的温度、透光能力、位移及表面状态等物理量。例如：测量光强的照度计，光电高温计，光电比色计和浊度计，预防火灾的光电报警器，检查被加工零件的直径、长度、椭圆度及表面粗糙度等自动检测装置和仪器，其敏感元件均用光电元件。半导体光电元件不仅在民用工业领域中得到广泛的应用，在军事上更有重要的地位。例如，用硫化铅光敏电阻可做成红外夜视仪、红外线照相仪及红外线导航系统等。

（2）把被测量转换成连续变化的光电流，即利用光电元件在受光照或无光照射时"有"或"无"电信号输出的特性制成的各种光电自动装置。光电元件用作开关式光电转换元件，例如电子计算机的光电输入器、开关式温度调节装置及转速测量数字式光电测速仪等。

光电传感器的主要应用领域：车载娱乐/导航/DVD 系统背光控制，以便在所有的环境光条件下都可以显示理想的背光亮度；后座娱乐用显示器背光控制；仪表组背光控制（速度计/转速计）；自动后视镜亮度控制（通常要求有两个传感器，一个是前向的，一个是后向的）；自动前大灯和雨水感应控制（专用，根据需求进行变化）；后视相机控制（专用，根据需求进行变化）。在提供更舒适的显示质量方面光电传感器已经成为最有效的解决方案之一。它具有与人眼相似的特性，这对于汽车应用而言至关重要，因为这些应用要求在所有环境光条件下都能达到完全的背光效果。例如，在白天，用户需要最大的亮度来实现最佳的可见度，但是这种亮度对于夜间条件而言是过亮的，因此带有良好光谱响应的光电传感器、适当的动态范围和整体良好的输出信号调节可以很容易地实现这些应用。终端用户可以设置几个阈值水平（如低、中、亮光），或能够随意地动态改变背光亮度。这也适用于汽车后视镜亮度控制，当后视镜变暗和/或变亮时需要智能的亮度管理，可以通过环境光传感器来完成。

对于便携式设备，如果用户不改变系统设置（通常是亮度控制），那么一个显示器总是消耗同样多的能量。在室外等特别亮的区域，用户倾向于提高显示器的亮度，这就会增加系统的功耗。而当条件变化时，如进入建筑物，大多数用户都不会改变设置，因此系统功耗仍然保持很高。但是，通过使用光电传感器，系统能够自动检测条件变化并调节设置，以保证显示器处于最佳的亮度，进而降低总功耗。在一般的消费类应用中，这也能够延长电池寿命。对于移动电话、笔记本电脑、PAD 和数码相机，通过采用环境光传感器反馈，可以自动进行亮度控制，从而延长电池寿命。

小封装、低功耗、高集成和简单易用性是设计者采用光电传感器的原因，光电传感器在人们的日常生活中已经无处不在，广泛应用于消费类电子、工业应用以及汽车等领域。

项目七

环境温度采集系统的设计与实现

项目描述

本项目主要介绍 DS18B20 温度传感器的使用方法。通过本项目的学习可以在嵌入式战舰 V3 实训平台下实现室内环境温度的采集，并将温度值显示在 TFTLCD 液晶屏上。

项目目标

- 培养分析问题、解决问题的能力；
- 培养团队意识、安全意识；
- 培养劳动精神和精益求精的工匠精神；
- 了解 DS18B20 的结构与性能参数；
- 掌握 DS18B20 的指令系统；
- 掌握 DS18B20 的工作时序；
- 能够将 DS18B20 正确连接到战舰 V3 开发板上；
- 会利用 DS18B20 实现温度采集。

任务目标

1. DS18B20 温度传感器简介

DS18B20 是由达拉斯（DALLAS）半导体公司推出的一种"一线总线"接口的温度传感器，如图 7.1 所示。与传统的热敏电阻等测温元件相比，它是一种新型的体积小、适用电压宽、与微处理器接口简单的数字化温度传感器。"一线总线"结构具有简洁且经济的特点，可使用户轻松地组建传感器网络，从而为测量系统的构建引入全新的概念。DS18B20 的温度测量范围为 –55 ~ +125 ℃，并且在 –10 ~ +85 ℃范围内精度为 ±0.5 ℃。它能直接读出被测温度，并且可根据实际要求通过简单的编程实现 9 ~ 12 位的数字值读数方式。它工作在 3 ~ 5.5 V 的电压范围，采用多种封装形式，从而使系统设计灵活、方便，设定分辨率及用户设定的报警温度存储在 EEPROM 中，掉电后依然保存。其内部结构如图7.2 所示。

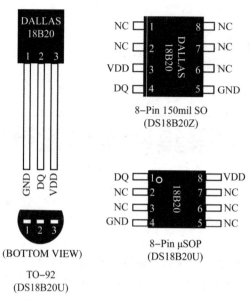

图 7.1　DS18B20 的外形及引脚排列示意

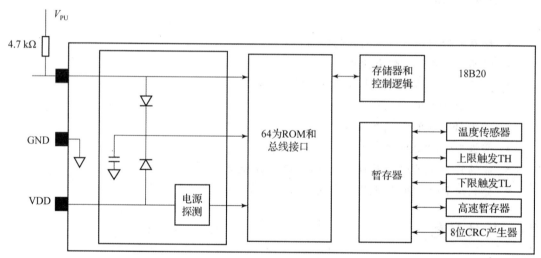

图 7.2　DS18B20 内部结构

DS18B20 的内部光刻 ROM 中有 64 位序列号，每个 DS18B20 的 64 位序列号均不相同，其中前 8 位是产品家族码，接着 48 位是 DS18B20 的序列号，最后 8 位是前面 56 位的循环冗余校验码（CRC = X8 + X5 + X4 + 1）。ROM 的作用是使 DS18B20 各不相同，这样就可实现一根总线上挂接多个 DS18B20。

所有的单总线器件要求采用严格的信号时序，以保证数据的完整性。DS18B20 共有 6 种信号类型：复位脉冲、应答脉冲、写 0、写 1、读 0 和读 1。所有这些信号，除了应答脉冲以外，都由主机发出同步信号，并且发送所有的命令和数据都是字节的低位在前。

2. DS18B20 命令系统

DS18B20 的发送 ROM 命令见表 7.1，发送 RAM 命令见表 7.2。

表 7.1　发送 ROM 命令

命令	约定代码	功能
读 ROM	33H	读 DS18B20 温度传感器 ROM 中的编码（即 64 位地址）
符合 ROM	55H	发出此命令后，接着发出 64 位 ROM 编码，访问单总线上与该编码对应的 DS18B20，使之做出响应，为下一步对该 DS18B20 的读/写做准备
搜索 ROM	0F0H	用于确定挂接在同一总线 DS18B20 的个数和识别 64 位 ROM 地址，为操作各器件做好准备
跳过 ROM	0CCH	忽略 64 位 ROM 地址，直接向 DS18B20 发送温度变换命令，适用于单片工作
报警搜索	0ECH	执行后只有温度超过设定上限或下限的片子才做出响应

表 7.2　发送 RAM 命令

命令	约定代码	功能
写 RAM	4EH	发出向内部 RAM 的 2、3、4 字节写上、下限温度数据和配置寄存器命令，紧跟该命令之后，是传送 3 字节的数据
读 RAM	0BEH	读内部 RAM 中 9 字节的内容
复制暂存器	48H	将 RAM 中第 2、3 字节的内容复制到 E2PROM 中
温度变换	44H	启动 DS18B20 进行温度转换，12 位转换时间最长为 750 ms（9 位为 93.75 ms），结果存入内部 9 字节 RAM 中
重调 E2PROM	0B8H	将 E2PROM 中内容恢复到 RAM 中的第 2、3 字节
读供电方式	0B4H	读 DS18B20 的供电模式。寄生供电时 DS18B20 发送"0"，外接电源供电 DS18B20 发送"1"

通过单线总线端口访问 DS18B20 的步骤如下：

（1）步骤 1：初始化；

（2）步骤 2：ROM 操作命令；

（3）步骤 3：DS18B20 功能命令。

每一次 DS18B20 的操作都必须满足以上步骤，若缺少步骤或顺序混乱，器件将不会返回值。

3. DS18B20 供电电源

DS18B20 可以通过从 VDD 引脚接入一个外部电源供电，或者可以工作于寄生电源模式，该模式允许 DS18B20 工作于无外部电源需求状态。寄生电源在进行远距离测温时是非常有用的。在寄生电源的控制回路中，当总线为高电平时，寄生电源由单总线通过 VDD 引脚。这个电路会在总线处于高电平时"偷"能量，部分汲取的能量存储在寄生电源储能电容（C_{pp}）内，在总线处于低电平时释放能量以提供能量给器件。当 DS18B20 处于寄生电源模式时，VDD 引脚必须接地。

在寄生电源模式下，单总线和 C_{pp} 在大部分操作中能提供充分的满足规定时序和电压的电流给 DS18B20。然而，当 DS18B20 正在执行温度转换或从高速暂存器向 EPPROM 传送数据时，工作电流可能高达 1.5 mA。这个电流可能引起连接单总线的弱上拉电阻的不可接受的压降，这需要更大的电流，而此时 C_{pp} 无法提供。为了保证 DS18B20 有充足的供电，当进行温度转换或拷贝数据到 EEPROM 操作时，必须给单总线提供一个强上拉电平，如图 7.3 所示用漏极开路把输入/输出直接拉到电源上就可以实现。在发出温度转换命令［44 h］或拷贝暂存器命令［48 h］之后，必须在至多 10 μs 之内把单总线转换到强上拉状态，并且在温度转换时序（T_{conv}）或拷贝数据时序（T_{er} = 10 ms）时一直保持为强上拉状态。当保持强上拉状态时，不允许有其他动作。

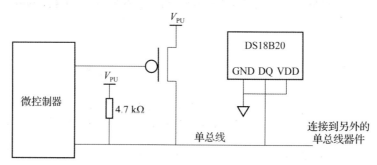

图 7.3　DS18B20 温度转换期间的强上拉供电

对 DS18B20 供电的另一种传统办法是从 VDD 引脚接入一个外部电源，如图 7.4 所示。这样做的好处是单总线不需要强上拉供电，而且总线不用在温度转换期间总保持高电平。

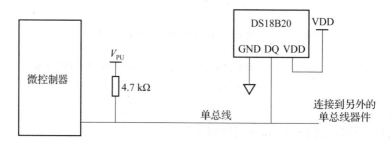

图 7.4　外部电源给 DS18B20 供电

当温度高于 100℃ 时，不推荐使用寄生电源，因为 DS18B20 在这种温度下表现出的漏电流比较大，通信可能无法进行。在类似这种温度的情况下，强烈推荐使用 DS18B20 的 VDD 引脚。

对于总线控制器不知道总线上的 DS18B20 是使用寄生电源还是使用外部电源的情况，DS18B20 预备了一种信号指示电源的使用意图。总线控制器发出一个 Skip ROM 命令［CCh］，然后发出读电源命令［B4 h］，这条命令发出后，控制器发出读时序，寄生电源会将总线电平拉低，而外部电源会使总线保持高电平。如果总线电平被拉低，总线控制器就会知道需要在温度转换期间对单总线提供强上拉。

4. 复位脉冲和应答脉冲

DS18B20 复位时序图如图 7.5 所示。单总线上的所有通信都是以初始化序列开始的，主机输出低电平，保持低电平时间至少为 480 μs，以产生复位脉冲。接着主机释放总线，4.7 kΩ 的上拉电阻将单总线拉高，延时 15～60 μs，并进入接收模式（Rx）。接着 DS18B20 拉低总线 60～240 μs，以产生低电平应答脉冲，若为低电平，再延时 480 μs。

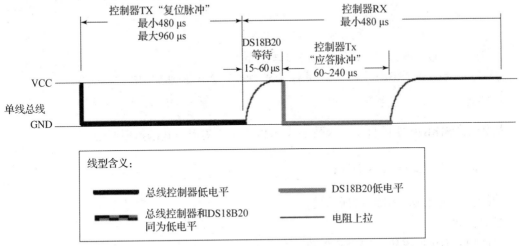

图 7.5　DS18B20 复位时序图

复位操作使用自定义函数 DS18B20_Reset( ) 实现，其函数原型是：

```
int DS18B20_Reset(void);
```

功能：复位 DS18B20 总线。

参数：无。

返回值：TRUE 成功；FALSE 失败。

```
int DS18B20_Reset(void)
{
    u8 i = 0;
    Set18b20IOout();            //设置总线端口为输出模式
    DS18B20_OUT = 1;            //拉高总线电平,为复位做准备
    delay_us(1);                //延时 1 us
    DS18B20_OUT = 0;            //拉低总线 240～480 us
    delay_us(500);             //延时 >480 us
    DS18B20_OUT = 1;            //拉高总线电平
    delay_us(2);               //复位完成
    Set18b20IOin();            //设置总线端口为输入模式
    while (DS18B20_IN)         //等待从机应答信号
    {
        i ++;
```

```
        delay_us(1);
        if (i >100)
        {
                printf("DS18B20 error! \r \n");
                return FALSE;      //等待超时,初始化失败,返回 FALSE;
        }
    }
    delay_us(250);      //跳过回复信号
    return TRUE;        //复位完成 DS18B20,返回 TRUE
}
```

初始化 DS18B20 使用自定义函数 DS18B20_Init( )实现，其函数原型是：

```
u8 DS18B20_Init(void);
```

功能：初始化 DS18B20 数据总线。

参数：无。

返回值：TRUE 成功；FALSE 失败。

```
u8 DS18B20_Init(void)
{
    GPIO_InitTypeDef  GPIO_InitStructure;
    //使能 GPIOG 时钟
    RCC_APB2PeriphClockCmd(RCC_APB2Periph_GPIOG,ENABLE);
    GPIO_InitStructure.GPIO_Pin = GPIO_Pin_11; //设置 PG11 位推挽输出
    GPIO_InitStructure.GPIO_Mode = GPIO_Mode_Out_PP;
    GPIO_InitStructure.GPIO_Speed = GPIO_Speed_50MHz;
    GPIO_Init(GPIOG,&GPIO_InitStructure);
    GPIO_SetBits(GPIOG,GPIO_Pin_11);      //输出 1
    return DS18B20_Reset();
}
```

5. 写时序

DS18B20 写时序图如图 7.6 所示。写时序包括写 0 时序和写 1 时序。所有写时序至少需要 60 μs，且在两次独立的写时序之间至少需要 1 μs 的恢复时间，两种写时序均起始于主机拉低总线电平。

写 1 时序：主机输出低电平，延时 2 μs，然后释放总线，延时 60 μs。

写 0 时序：主机输出低电平，延时 60 μs，然后释放总线，延时 2 μs。

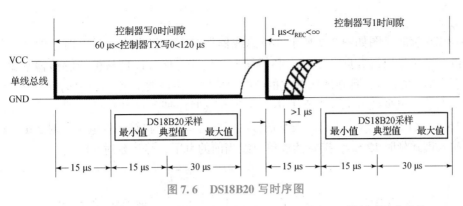

图 7.6　DS18B20 写时序图

写 1 位数据操作使用自定义函数 DS18B20_WriteBit( )实现，其函数原型是：

```
void DS18B20_WriteBit(u8 bit);
```

功能：向 DS18B20 写入 1 位数据。
参数：bit。
返回值：无。

```
void DS18B20_WriteBit(u8 bit)
{
    Set18b20IOout();        //设置数据总线接口为输出
    DS18B20_OUT = 0;        //拉低数据总线电平
    delay_us(12);           //延时 10~15 us
    DS18B20_OUT = bit&0x01; //写入数据,
    delay_us(30);           //延时 20~45 us
    DS18B20_OUT = 1;        //释放总线
    delay_us(5);
}
```

写 1 个字节数据操作使用自定义函数 DS18B20_WriteData( )实现，其函数原型是：

```
void DS18B20_WriteData(u8 data);
```

功能：向 DS18B20 写入 1 字节数据。
参数：data。
返回值：无。

```
void DS18B20_WriteData(u8 data)
{
    u8 i;
    for (i = 0;i < 8;i ++)
    {
        DS18B20_WriteBit(data);
        data >>=1;
    }
}
```

6. 读时序

DS18B20 读时序图如图 7.7 所示。单总线器件仅在主机发出读时序时才向主机传输数据，所以在主机发出读数据命令后，必须马上产生读时序，以便从机能够传输数据。所有读时序至少需要 60 μs，且在两次独立的读时序之间至少需要 1 μs 的恢复时间。每个读时序都由主机发起，至少拉低总线电平 1 μs。主机在读时序期间必须释放总线，并且在时序起始后的 15 μs 之内采样总线状态。典型的读时序过程为：主机输出低电平延时 2 μs，然后主机转入输入模式延时 12 μs，接着读取单总线当前的电平，然后延时 50 μs。

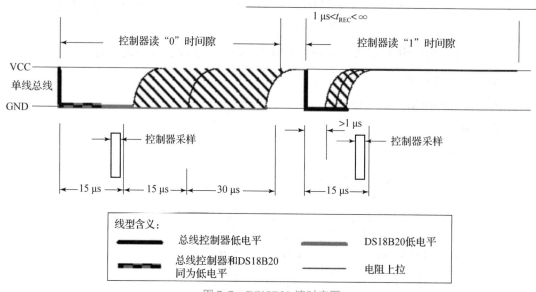

图 7.7　DS18B20 读时序图

读取 1 位数据操作使用自定义函数 DS18B20_Read_Bit( )实现，其函数原型是：

```
u8 DS18B20_Read_Bit(void);
```

功能：从 DS18B20 读取 1 位数据。

参数：无。

返回值：data。

```
u8 DS18B20_ReadBit(void)
{
    u8 data = 0;
    Set18b20IOout();  //设置数据总线接口为输出
    DS18B20_OUT = 0;   //拉低总线电平
    delay_us(12);      //延时 10 ~15 us
    DS18B20_OUT = 1;   //释放总线
    Set18b20IOin();   //设置数据总线接口为输入
    delay_us(10);
    if (DS18B20_IN)   //读取数据
```

```
    {
        data =1;
    }
    delay_us(42);//延时40~45 us
    return data;//返回数据
}
```

读取1个字节数据操作使用自定义函数 DS18B20_ReadData( )实现，其函数原型是：

```
u8 DS18B20_ReadData(void);
```

功能：从 DS18B20 读取一个字节数据。

参数：无。

返回值：data。

```
u8 DS18B20_ReadData(void)
{
    u8 i,j,data =0;
    for (i =1;i <=8;i ++)
    {
        j =DS18B20_ReadBit();
        data =(j <<7)|(data >>1);
    }
    return data;
}
```

读取2个字节数据操作使用自定义函数 DS18B20_ReadData( )实现，其函数原型是：

```
u8 DS18B20_Read2Bit(void);
```

功能：读取2字节数据。

参数：无。

返回值：data。

```
u8 DS18B20_Read2Bit(void)
{
    u8 i,data =0;
    for (i =0;i <2;i ++)
    {
        data <<=1;
        if(DS18B20_ReadBit())
        {
```

```
        data = data |1;
      }
    }
  return data;
}
```

7. 测温操作

DS18B20 的核心功能是直接读数字温度值。DS18B20 的精度为用户可编程的 9 位、10 位、11 位或 12 位，分别以 0.5 ℃、0.25 ℃、0.125 ℃和 0.0625℃增量递增。在上电状态下默认的精度为 12 位。DS18B20 启动后保持低功耗等待状态；当需要执行温度测量和 A/D 转换时，总线控制器必须发出 ［44h］命令。之后，产生的温度数据以两个字节的形式被存储到高速暂存器的温度寄存器中，DS18B20 继续保持等待状态。当 DS18B20 由外部电源供电时，总线控制器在温度转换命令之后发起读时序，DS18B20 正在温度转换中返回 0，转换结束返回 1。如果 DS18B20 由寄生电源供电，除非在进入温度转换时总线电平被一个强上拉拉高，否则没有返回值。DS18B20 温度格式如图 7.8 所示。

	bit 7	bit 6	bit 5	bit 4	bit 3	bit 2	bit 1	bit 0
LS Byte	2^3	2^2	2^1	2^0	2^{-1}	2^{-2}	2^{-3}	2^{-4}

	bit 15	bit 14	bit 13	bit 12	bit 11	bit 10	bit 9	bit 8
MS Byte	S	S	S	S	S	2^6	2^5	2^4

图 7.8　DS18B20 温度格式

主机读取数据后，需要先将数据补码变为原码，再计算其十进制值。温度/数据关系见表 7.3。

表 7.3　温度/数据关系

温度/℃	数据输出（二进制）	数据输出（十六进制）
+125	0000 0111 1101 0000	07D0
+85	0000 0101 0101 0000	0550
+25.062 5	0000 0001 1001 0001	0191
+10.125	0000 0000 1010 0010	00A2
+0.5	0000 0000 0000 1000	0008
0	0000 0000 0000 0000	0000
−0.5	1111 1111 1111 1000	FFF8
−10.125	1111 1111 0101 1110	FF5E
−25.062 5	1111 1110 0110 1111	FE6E
−55	1111 1100 1001 0000	FC90

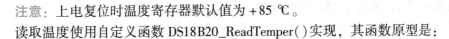

注意：上电复位时温度寄存器默认值为 +85 ℃。

读取温度使用自定义函数 DS18B20_ReadTemper( ) 实现，其函数原型是：

```
s16 DS18B20_ReadTemper(void);
```

功能：读取温度值。

参数：无。

返回值：温度值×100。

```
s16 DS18B20_ReadTemper(void)
{
    u8 th,tl;
    s16 data;
    if (DS18B20_Reset() == FALSE)         //错误判断
    {
        return 0xffff;                    //返回错误特征值
    }
    DS18B20_WriteData(SKIP_ROM);          //跳过 ROM
    DS18B20_WriteData(CONVERT_T);         //启动温度转换
    DS18B20_Reset();
    DS18B20_WriteData(SKIP_ROM);          //跳过 ROM
    DS18B20_WriteData(READ_SCRATCHPAD);   //温度读取命令
    tl = DS18B20_ReadData();              //低 8 位数据
    th = DS18B20_ReadData();              //高 8 位数据
    data = th;
    data = data << 8;
    data = data|tl;
    data = data * 6.25;                   //数值精确到小数点后两位
    return data;                          //返回值 = 温度 * 100;
}
```

8. 报警操作信号

DS18B20 完成一次温度转换后，就将温度值与和存储在 TH 和 TL 中一个字节的用户自定义的报警预置值进行比较。标志位（S）指出温度值的正负：正数 S = 0，负数 S = 1。TH 和 TL 寄存器是非易失性的，所以它们在掉电时仍然保存数据。TH 和 TL 寄存器格式如图 7.9 所示。

bit 7	bit 6	bit 5	bit 4	bit 3	bit 2	bit 1	bit 0
S	2^6	2^5	2^4	2^3	2^2	2^1	2^0

图 7.9　TH 和 TL 寄存器格式

当 TH 和 TL 为 8 位寄存器时，4 位温度寄存器中的 11 个位用来和 TH、TL 进行比较。

如果测得的温度高于 TH 或低于 TL，报警条件成立，DS18B20 内部就会置位一个报警标识。每进行一次测温就对这个标识进行一次更新，因此，如果报警条件不成立，在下一次温度转换后报警标识将被移去。

总线控制器通过发出报警搜索命令［ECh］检测总线上所有的 DS18B20 报警标识。任何置位报警标识的 DS18B20 将响应这条命令，所以总线控制器能精确定位每一个满足报警条件的 DS18B20。如果报警条件成立，而 TH 或 TL 的设置已经改变，另一个温度转换将重新确认报警条件。

 ## 项目实施

1. 硬件连接

画出 DS18B20 温度传感器与战舰 V3 开发板的硬件连接图，并写出与 I/O 端口的对应关系。

2. 实现函数 DS18B20_IO_IN( )（将引脚设为输入）

3. 实现函数 **DS18B20_IO_OUT**( )　（将引脚设为输出）

4. **DS18B20** 复位

5. **DS18B20** 写字节

6. **DS18B20** 读字节

7. 实现主函数 main( )

（此处为空白框）

8. 运行调试

编译程序，如有错误可根据报错信息进行调试，直至没有错误提示为止，然后将程序下载到开发板中运行，观察 TFTLCD 屏上显示的信息，若不能显示当前室内温度值或显示的温度值不合理，则重新调试程序，最终控制 DS18B20 实现温度采集功能。

 项 目 评 分 表

项目 7 的项目评分表见表 7.4。

表 7.4　项目 7 的项目评分表

班级		姓名		学号		小组	
学习任务名称							
自我评价	1	遵循 6S 管理			□符合	□不符合	
	2	不迟到、不早退			□符合	□不符合	
	3	能独立完成工作页的填写			□符合	□不符合	
	4	具有独立信息检索能力			□符合	□不符合	
	5	小组成员分工合理			□符合	□不符合	
	6	能制定合理的任务实施计划			□符合	□不符合	
	7	能正确使用工具及设备			□符合	□不符合	
	8	自觉遵守安全用电规划			□符合	□不符合	
	学习效果自我评价等级： 评价人签名：			□优秀　□良好 □合格　□不合格			

班级		姓名		学号		小组	
学习任务名称							
自我评价	1	具有安全意识和环保意识				□能	□不能
	2	遵守课堂纪律，不做与课程无关的事情				□能	□不能
	3	清晰表达自己的观点，且正确合理				□能	□不能
	4	积极完成所承担的工作任务				□是	□否
	5	任务是否按时完成				□是	□否
	6	自觉维护教学仪器设备的完好性				□是	□否
	学习效果小组评价等级： 小组评价人签名：					□优秀 □良好 □合格 □不合格	
教师评价	1	能进行学习准备				□能	□不能
	2	课堂表现				□优秀 □良好 □合格 □不合格	
	3	任务实施计划合理				□是	□否
	4	硬件连接				□是	□否
	5	实现 DS18B20_IO_IN( )				□优秀 □良好 □合格 □不合格	
	6	实现 DS18B20_IO_OUT( )					
	7	实现 DS18B20 复位					
	8	实现 DS18B20 写字节					
	9	实现 DS18B20 读字节					
	10	主函数实现				□优秀 □良好 □合格 □不合格	
	11	编译下载				□优秀 □良好 □合格 □不合格	
	12	展示汇报				□优秀 □良好 □合格 □不合格	
	13	6S 管理				□符合	□不符合
	教师评价等级： 评语： 　　　　　　　指导教师：					□优秀 □良好 □合格 □不合格	
学生综合成绩评定：						□优秀 □良好 □合格 □不合格	

项目回顾

1. DS18B20 的温度测量范围为 _____。
2. DS18B20 属于 _____（数字/模拟）传感器。
3. 简述通过单线总线端口访问 DS18B20 的步骤。

参 考 文 献

［1］ 彭刚，秦志强．基于 ARM Cortex – M3 的 STM32 系列嵌入式微控制器应用实践［M］．北京：电子工业出版社，2011.

［2］ 武奇生．基于 ARM 的单片机应用及实践［M］．北京：机械工业出版社，2014.

［3］ 郭志勇．嵌入式技术与应用开发项目教程［M］．北京：人民邮电出版社，2019.

［4］ 卢有亮．基于 STM32 的嵌入式系统原理与设计［M］．北京：机械工业出版社，2014.

［5］ 苏李果，宋丽．STM32 嵌入式技术应用开发|全案例实践［M］．北京：人民邮电出版社，2020.

［6］ 董磊，赵志刚．STM32F1 开发标准教程［M］．北京：电子工业出版社，2020.

［7］ 龙威龙，高艺，李晓晨．嵌入式系统原理与工程实践［M］．大连：大连理工出版社，2001.

［8］ 张洋，刘军，严汉宇．原子教你玩 STM32（库函数版）．北京：北京航空航天大学出版社，2013.

［9］ 杨白军，土学春，黄雅琴．轻松玩转 STM32F1 微控制器．北京：电子工业出版社，2016.

［10］ 周润景．ARM7 嵌入式系统设计与仿真［M］．北京：清华大学出版社，2012.